Tayseir Mohammed Abdellateif

Síntese e caraterização de nanopartículas de sílica hidrofóbicas

Tayseir Mohammed Abdellateif

Síntese e caraterização de nanopartículas de sílica hidrofóbicas

Imprint

Any brand names and product names mentioned in this book are subject to trademark, brand or patent protection and are trademarks or registered trademarks of their respective holders. The use of brand names, product names, common names, trade names, product descriptions etc. even without a particular marking in this work is in no way to be construed to mean that such names may be regarded as unrestricted in respect of trademark and brand protection legislation and could thus be used by anyone.

Cover image: www.ingimage.com

This book is a translation from the original published under ISBN 978-620-2-05938-1.

Publisher:
Sciencia Scripts
is a trademark of
Dodo Books Indian Ocean Ltd. and OmniScriptum S.R.L publishing group

120 High Road, East Finchley, London, N2 9ED, United Kingdom
Str. Armeneasca 28/1, office 1, Chisinau MD-2012, Republic of Moldova, Europe
Printed at: see last page
ISBN: 978-620-7-89105-4

RESUMO

As propriedades construtivas das nanopartículas de sílica, como a estabilidade química e térmica e a elevada área de superfície, tornam a sílica um material atrativo para muitas aplicações.

O principal objetivo desta tese é a síntese de nanopartículas de sílica com propriedades únicas e a sua aplicação na adsorção de óleo a partir de água. Os sólidos de sílica foram sintetizados pelo processo sol gel com diferentes razões de hidrólise (2, 4, 6, 8 e 10). As propriedades termofísicas dos sólidos de sílica sintetizados à temperatura de 293 k a 343 k mostraram que os valores do índice de refração, da viscosidade e da densidade aumentam com a razão de hidrólise e diminuem com a temperatura. Além disso, o tamanho das partículas dos sólidos de sílica sintetizados (7, 10, 30, 70 e 177 nm) aumenta com a razão de hidrólise (2, 4, 6, 8 e 10).

A presente investigação desenvolveu novas nanopartículas de sílica modificadas através da ancoragem de óxidos metálicos na superfície da sílica, utilizando modificadores inorgânicos ou orgânicos para converter a sílica de material hidrofílico em material hidrofóbico. Os solues de sílica sintetizados com rácio de hidrólise 2 foram modificados por modificação líquida utilizando sol de alumina, sol de zircónio e sol de titânio como modificadores inorgânicos e hexametil dissilazano (HMDS) como modificador orgânico com 1, 3 e 5%. A microscopia eletrónica de varrimento de emissão de campo e a microscopia eletrónica de transmissão ilustraram diferentes morfologias e diferentes distribuições de partículas da sílica sintetizada, dependendo do tipo e da percentagem do modificador. A difração de raios X evidenciou a fase amorfa da sílica sintetizada, a fluorescência de raios X e o infravermelho com transformada de Fourier confirmaram a introdução dos grupos funcionais dos modificadores. As isotérmicas de adsorção e dessorção de N2 ilustraram a redução da área superficial da sílica modificada com alumina, zircónio e titânio. No entanto, a área de superfície aumenta para a sílica modificada com HMDS. Além disso, as análises de estabilidade térmica demonstraram que a modificação melhora a estabilidade térmica da sílica sintetizada.

ÍNDICE DE CONTEÚDO

CAPÍTULO 1
INTRODUÇÃO

1.1 Técnicas de Sol Gel

A técnica de sol-gel foi desenvolvida há quarenta anos como uma alternativa para a preparação de vidros e cerâmicas a temperaturas mais baixas. As condições suaves, como a temperatura e a pressão relativamente baixas, são a principal vantagem do processo sol gel [1, 2]. O processo sol-gel inclui duas etapas: reacções de hidrólise e condensação de alcoxi-silanos que conduzem à formação de diferentes tipos de sílica (pós, fibras, revestimentos e monolíticos a granel), dependendo das condições de reação, tais como a razão de hidrólise (Si:$_{H2O}$), pH, temperatura e secagem [2].

O processo sol-gel tem sido amplamente utilizado para criar novos materiais compósitos ou híbridos orgânicos-inorgânicos. Estes novos materiais híbridos sol gel são normalmente nanocompósitos e têm o potencial de fornecer combinações únicas de propriedades que não podem ser alcançadas por outros materiais [1].

O processo sol gel contém reacções em duas fases, sendo a primeira a hidrólise de um alcóxido metálico e a segunda uma reação de policondensação [1, 3, 4]. As reacções sol gel do alcoxissilano podem ser descritas nas equações 1.1, 1.2 e 1.3 da seguinte forma

Hidrólise;

$$Si\,(OC_2H_5)_4 + H_2O \xrightarrow{OH} Si(OH)_4 + C_2H_5OH \tag{1.1}$$

Condensação de água;

$$Si\,(OH)_4 + Si\,(OH)_4 \xrightarrow{OH^-} Si - O - Si + H_2O \tag{1.2}$$

Condensação de álcool;

$$Si\,(OH)_4 + Si(OC_2H_5)_4 \xrightarrow{OH^-} Si - O - Si + C_2H_5\,OH \tag{1.3}$$

A cinética das reacções de hidrólise e condensação no processo sol-gel é geralmente influenciada por muitos factores, tais como a relação água/silano, o catalisador, a temperatura e a natureza do solvente. A morfologia (características da superfície) dos materiais sintetizados é controlada pelos parâmetros da reação [1, 3]. O precursor cerâmico mais comum é o tetraetilortosilicato (TEOS) porque é purificado e tem uma taxa de reação relativamente lenta e controlável [1]. A baixa solubilidade dos precursores comuns TEOS e tetrametilortosilicato ou TMOS em água torna necessária a adição de um solvente orgânico para melhorar a sua solubilidade. O controlo da estrutura do gel microporoso não é uma tarefa difícil [5].

A taxa de hidrólise e condensação do TEOS no processo Sol gel é diferente em condições ácidas e alcalinas. A catálise ácida da reação produz um polímero fracamente ramificado, enquanto uma reação básica produz fibras finas [5]. Os parâmetros essenciais na preparação de partículas de sílica são as concentrações de água e amoníaco. O tamanho das partículas aumenta à medida que a concentração de água e amoníaco aumenta. O controlo da quantidade de catalisador ou de água conduz a uma alteração da estrutura do polímero, que passa de linear a altamente ramificado, e o mecanismo de formação destas duas espécies de materiais de sílica é diferente [6]. O tamanho final da partícula esférica de sílica é uma função da concentração inicial de água, amoníaco, tipo de alcóxido de silício, mistura de álcool utilizada e temperatura do reagente [3]. O processo sol gel é utilizado, em geral, para criar gradientes de composição de superfície controlados, obter propriedades físicas únicas e controlar a estrutura de um material à escala nanométrica desde as primeiras fases de processamento, combinando materiais inorgânicos e orgânicos. O potencial de propriedades melhoradas, maior pureza e maior homogeneidade foi alcançado para os materiais sintetizados através do processo sol gel [3].

A natureza hidrofílica das nanopartículas de sílica sintetizadas através do processo sol gel deve-se à presença de grupos silanol e siloxano na superfície da sílica [1, 3]. As superfícies da sílica são tipicamente terminadas com três tipos de silanol: silanóis livres ou isolados, silanóis ligados por hidrogénio ou vicinais e silanóis geminais. Os grupos silanol que residem em partículas adjacentes, por sua vez, formam ligações de hidrogénio e a formação de agregados [1].

As propriedades dos nanocompósitos resultantes do processo sol gel são, em geral, influenciadas pelo tamanho das partículas e pela interação entre as fases dispersa e contínua. A interação envolve interacções físicas ou de fase fraca de ligação de hidrogénio ou de Van der Waals e ligações químicas fortes (ligações covalentes ou ionocovalentes) entre as fases orgânica e inorgânica [1]. A interação química, que envolve a modificação com agentes modificadores ou por enxerto de polímeros, conduz a uma interação mais forte entre as nanopartículas de sílica e os modificadores. Assim, a sílica hidrofóbica pode ser obtida através da reação do grupo funcional com os grupos hidroxilo na superfície da sílica [1]. Além disso, a combinação de componentes inorgânicos e orgânicos num compósito híbrido utilizando o processo sol gel permite o acesso a novos domínios da ciência dos materiais [6].

1.2 Declaração do problema

As características das nanopartículas de xerogel de sílica, como a elevada estabilidade química, mecânica e térmica, com elevada porosidade e área de superfície, revelam que as nanopartículas de sílica são materiais atractivos para muitas aplicações, mas a sua natureza hidrofílica torna-se um dos obstáculos à sua utilização. A vantagem da modificação das nanopartículas de sílica é converter a sílica de hidrofílica em hidrofóbica.

No presente estudo, as nanopartículas de sílica xerogel foram sintetizadas utilizando o processo sol gel e modificadas utilizando a modificação líquida (sol a sol) para reduzir a agregação e a aglomeração das nanopartículas de sílica. Trata-se de um método novo em comparação com o método comum de modificação de sílica que utiliza pó sólido de sílica em espuma seguido de modificação de líquido sólido. Foram utilizados modificadores inorgânicos e orgânicos para converter a sílica de materiais hidrofílicos em hidrofóbicos. As características das nanopartículas de sílica hidrofóbicas sintetizadas são investigadas com o objetivo de aumentar a sua hidrofobicidade.

1.3 Objectivos da investigação

Os objectivos específicos deste estudo são:

- Síntese de nanopartículas de sílica utilizando o processo sol gel e estudo do efeito da razão de hidrólise nas propriedades termofísicas, tamanho das partículas e morfologia dos sols de sílica.
- Modificação e caraterização das nanopartículas de sílica hidrofóbicas sintetizadas.

1.4 Âmbito do estudo

O âmbito do presente estudo envolve a síntese e a caraterização de nanopartículas de sílica hidrofílicas e hidrofóbicas. O efeito do teor inicial de óleo, percentagem de modificador e temperatura na adsorção de óleo, isotérmicas de adsorção, cinética e termodinâmica são investigados. O âmbito do presente estudo é:

Síntese de solues de sílica com diferentes rácios de hidrólise (2, 4, 6, 8 e 10) utilizando o processo sol gel e examinar o efeito do rácio de hidrólise na textura e características do sol de sílica.

Modificação de nanopartículas de sílica utilizando modificadores inorgânicos (sol de alumina, sol de zircónio e sol de titânio) e modificadores orgânicos (hexametil dissilazano) para converter a sílica de material hidrofílico em material hidrofóbico. A caraterização das nanopartículas de sílica pura e das nanopartículas de sílica modificadas em termos da sua textura e características de superfície utilizando técnicas de alto desempenho inclui morfologia, distribuição de partículas, estrutura, área de superfície e estabilidade térmica utilizando FESEM, TEM, FTIR, XRF, XRD, BET e

TGA.

1.5 Estrutura da tese

Esta dissertação está dividida em cinco capítulos, incluindo este capítulo introdutório. O segundo capítulo ilustra uma breve descrição da modificação e das aplicações das nanopartículas de sílica.

O Capítulo 3 apresenta a síntese de solues de sílica com diferentes rácios de hidrólise, bem como a modificação líquida (sol a sol) de nanopartículas de sílica com diferentes percentagens de sol de alumina, sol de zircónio e sol de titânio como modificadores inorgânicos e hexametil dissilazano como modificador orgânico. É apresentada a síntese de nanopartículas de sílica hidrofílicas e hidrofóbicas. Os pormenores, as técnicas de calibração e os procedimentos experimentais utilizados para estudar as propriedades termofísicas e as técnicas de caraterização das nanopartículas de sílica são também apresentados neste capítulo.

O Capítulo 4 centra-se nas propriedades termofísicas dos solues de sílica. Os valores da densidade, da viscosidade e do índice de refração foram registados a temperaturas até 343 K. Além disso, o efeito da modificação da textura e das características das nanopartículas de sílica, a composição, a distribuição das partículas, a área de superfície e a estabilidade térmica são também demonstrados neste capítulo.

Por fim, no capítulo 5, resumem-se as conclusões e recomendações para trabalhos futuros com vista à modificação adequada das nanopartículas de sílica.

CAPÍTULO 2
REVISÃO DA LITERATURA

2.1 Visão geral

Alguns nanomateriais importantes que assumiram um papel de liderança no domínio do fabrico de materiais são as nanopartículas de sílica, as nanoesferas, os nanotubos e as nanofibras, devido às suas propriedades distintas e surpreendentes. Os diâmetros destes materiais estão a tornar-se progressivamente mais pequenos, desde o tamanho submicrónico até ao nanométrico. Além disso, podem ser obtidas várias propriedades, como uma grande área de superfície, excelentes propriedades mecânicas [7], transparência, estabilidade, excelentes propriedades dieléctricas, hidrofilicidade, através da introdução de múltiplas funcionalidades [8].

As nanopartículas e nanoestruturas de sílica constituem plataformas materiais sem precedentes para a realização de muitas funções à escala nanométrica. Os híbridos de sílica-polímero são um dos materiais mais frequentemente referidos na literatura entre os numerosos materiais híbridos inorgânicos/orgânicos [1]. Este facto pode ser atribuído à sua ampla utilização e à facilidade de síntese das partículas. As nanopartículas de sílica têm sido utilizadas como cargas no fabrico de tintas, produtos de borracha e aglutinantes de plástico. Além disso, as partículas de sílica revestidas com modificadores orgânicos são utilizadas em aplicações como fases estacionárias de cromatografia, catalisadores heterogéneos suportados, indústrias automóvel, eletrónica, electrodomésticos, bens de consumo, aeroespacial e de sensores [9]. Recentemente, tem havido um interesse crescente no fabrico de nanofibras utilizando vários polímeros como materiais a granel. Até à data, as principais técnicas utilizadas para o processamento de fibras eram bastante limitadas e tediosas por natureza [10].

2.2 Síntese de nanopartículas de sílica

As nanopartículas de sílica podem ser desenvolvidas utilizando duas técnicas, o método sol-gel e a microemulsão. As nanopartículas de sílica também estão disponíveis para fins comerciais e são sintetizadas principalmente pelo método de fumagem e precipitação [1].

Recentemente, tem-se verificado um interesse na utilização de novas nanopartículas à base de sílica para muitas aplicações. Os nanomateriais à base de sílica, tais como as nanopartículas de sílica sol-gel, coloidais, mesoporosas e organicamente modificadas, têm demonstrado um potencial promissor em aplicações biotecnológicas [11]. Os nanomateriais de sílica têm uma vasta gama de aplicações devido às suas características únicas, tais como: elevada área superficial, porosidade, estabilidade térmica, estabilidade química e mecânica. Foram utilizadas várias técnicas de síntese para produzir partículas com uma gama estreita de tamanhos e uma composição quase uniforme [12] . Existem dois métodos principais para a preparação de nanopartículas de sílica: o método Stober sol gel e o método de microemulsão inversa água em óleo (w/o) [1, 3, 13, 14]. Ambos os métodos baseiam-se na hidrolização e condensação do tetraetilortosilicato (TEOS) em condições ácidas ou básicas [15]. As nanopartículas de sílica sintetizadas através destes dois métodos são partículas esféricas com uma superfície lisa coberta por grupos hidroxilo [1, 16]. O sol gel é uma via de síntese de química suave para produzir óxidos e materiais híbridos com propriedades controladas, tais como composição química, microestrutura, morfologia e funcionalização da superfície [17].

Na síntese de nanopartículas de sílica utilizando microemulsão, as nanopartículas podem ser cultivadas no interior das microcavidades através da adição de alcóxidos de silício e catalisador no meio contendo micelas reversas [18]. Apesar do custo elevado e das dificuldades de remoção dos tensioactivos nos produtos finais, o método da microemulsão inversa é aplicado para o revestimento de nanopartículas com diferentes grupos funcionais para várias aplicações [19, 20].

As nanopartículas de sílica podem também ser produzidas através da decomposição por chama a alta temperatura de precursores metal-orgânicos (condensação química de vapor (CVC)) [21]. No processo de condensação química de vapor (CVC), as nanopartículas de sílica são produzidas pela reação entre o tetracloreto de silício, SiCl4, com hidrogénio e oxigénio [22]. A principal desvantagem deste método é o controlo do tamanho das partículas, da morfologia e da composição das fases [23]. No entanto, este é o método mais conhecido que tem sido utilizado para produzir comercialmente nanopartículas de sílica em pó.

O processo de sol gel envolve uma reação em duas etapas, a hidrólise de um alcóxido metálico e a condensação do alcóxido metálico [1, 3, 24, 25]. Estas duas reacções podem ser manipuladas através da alteração de variáveis como a relação água/silano, o catalisador, a temperatura e a natureza do solvente [1]. A técnica de sol-gel é uma via sintética para produzir óxidos e materiais híbridos com propriedades ajustáveis, tais como composição química, microestrutura, morfologia e funcionalização da superfície [26]. Além disso, o processamento do método sol gel a 25°C com um ajuste cuidadoso das proporções reagente/solvente é o procedimento sintético mais adequado para controlar o tamanho das partículas [12]. O tetraetoxisilano (TEOS) e o tetrametilortosilicato (TMOS) são utilizados como precursores para preparar nanopartículas de sílica hidrofílicas que são depois modificadas com substâncias hidrofóbicas, como o hexametil dissilazano e o metoxi trimetilsilano [27].

A formação de nanopartículas de sílica, utilizando a síntese de Stober, envolve a nucleação, a polimerização e o crescimento de partículas. A principal diferença entre os sistemas catalisados por ácidos ou bases é que, em condições ácidas, a hidrólise é relativamente mais rápida do que a condensação, enquanto que em condições básicas a condensação é mais rápida do que a hidrólise, formando-se assim mais ligações de siloxano [28].

1.1.1 Processo Sol Gel

Os sóis são dispersões de partículas coloidais com diâmetros de 1-100 nm num líquido. Um gel é uma rede rígida organizada com poros de dimensões submicrométricas e cadeias poliméricas com comprimento médio superior a um micrómetro. O "gel" engloba uma variedade de combinações de substâncias. O gel de sílica pode ser formado pelo crescimento em rede de partículas coloidais discretas ou pela formação de uma rede 3-D interligada pela hidrólise e policondensação simultâneas de um precursor organo-metálico [1]. O método sol-gel é um dos processos mais adequados para a preparação de nanopartículas porque permite o controlo das variáveis relacionadas com o tamanho, forma, porosidade, densidade, pureza, grupos funcionais, sítios activos e morfologia das partículas [29].

A hidrólise e a condensação ou polimerização entre os grupos silanol ou entre os grupos silanol e os grupos etoxi criam pontes de siloxano (Si-O-Si) que formam toda a estrutura da sílica. A formação das partículas de sílica pode ser dividida em duas fases: nucleação e crescimento. Foram propostos dois modelos, a adição de monómeros [30, 31] e a agregação controlada, para descrever o mecanismo de crescimento da sílica. O modelo de adição de monómeros descreve que, após uma fase inicial de nucleação, o crescimento das partículas ocorre através da adição de monómeros hidrolisados. O modelo de agregação, por outro lado, propõe que a nucleação ocorra continuamente ao longo da reação e que os núcleos resultantes (partículas primárias) se agreguem para formar partículas mais fracas, mais finas e maiores ou partículas secundárias [30]. Ambos os modelos conduzem à formação de uma rede esférica ou de gel, dependendo das condições de reação, como se mostra na Figura 2.1.

O processo sol gel envolve o fabrico de matrizes inorgânicas através da formação de uma suspensão coloidal, denominada sol. Após a gelificação, o gel húmido forma uma matriz sólida globalmente ligada. O xerogel é formado quando o líquido dos poros é removido à pressão ambiente ou próximo dela por evaporação térmica, chamada secagem, e ocorre retração. O aerogel de baixa densidade é produzido quando a rede não entra em colapso, uma vez que a remoção do líquido dos poros ocorre numa fase gasosa da rede de gel sólido interligado em condições hipercríticas (secagem de ponto crítico) [3].

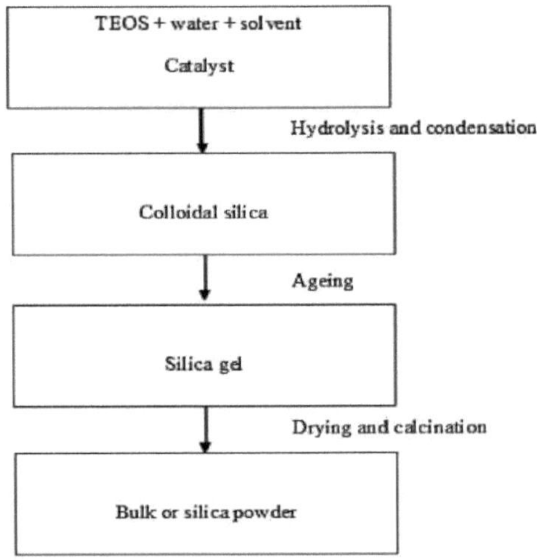

Figura 2-1: Diagrama de fluxo de um processo típico de sol gel

1.1.1.1 Reação de hidrólise e de condensação

O processo Sol gel contém reacções de hidrólise e de policondensação em duas fases. Existem muitos parâmetros que influenciam a cinética das reacções de hidrólise e condensação, tais como a concentração inicial de monómero, a razão de hidrólise, o catalisador, a temperatura e a natureza do solvente [32] .

Na formação de partículas de sílica utilizando um tetra-alcoxissilano, a síntese processa-se por hidrólise promovida por um catalisador na presença de um álcool de baixo peso molecular. A equação (2.1) mostra a formação de grupos silanol a partir da hidrólise do tetra alcoxisilano [1, 3, 31, 33, 34].

$$Si\,(OC_2H_5)_4 + H_2O \xrightarrow{OH^-} Si(OH)_4 + C_2H_5OH \qquad (2.1)$$

$$Si\,(OH)_4 + Si\,(OH)_4 \xrightarrow{OH^-} Si-O-Si + H_2O \qquad (2.2)$$

$$Si\,(OH)_4 + Si(OC_2H_5)_4 \xrightarrow{OH^-} Si-O-Si + C_2H_5\,OH \qquad (2.3)$$

Os grupos substituintes alcoxi no átomo de silício têm menos propriedades de retirada de electrões e proporcionam obstáculos estéricos ao nucleófilo atacante. Isto resulta numa hidrólise mais lenta da molécula de silano quando comparada com os substituintes hidroxilo. Como resultado, após a perda de cada grupo alcoxi, a velocidade da reação de hidrólise aumenta. A sílica hidrolisada passa então por uma reação de condensação para produzir uma rede de SiO2, quer através da condensação silanol-silanol, que é designada por condensação em água, quer através da condensação silanol-éter, que é designada por condensação em álcool, como se mostra nas equações (2.2) e (2.3). A fraca reatividade do silício é geralmente afetada pela utilização de catalisadores ácidos ou básicos. A hidrólise mais lenta e a condensação mais rápida foram observadas no caso da catálise de base, conduzindo a partículas coloidais compactas. Em contrapartida, a reação através de uma catálise ácida conduz a uma hidrólise mais rápida e a uma estrutura polimérica aberta [1, 5, 35].

Em condições básicas, a água dissocia-se para produzir aniões hidroxilo nucleofílicos num processo rápido de primeiro passo. O anião hidroxilo ataca então o átomo de silício, desloca o OR$^-$ com o OH$^-$, como se mostra na Figura 2.2 [34]. Os produtos activos da hidrólise são facilmente polimerizados em $Si_xO_y(OH)_z$ (Figura 2.5). O $Si_xO_y(OH)_z$ ativo participa no crescimento das partículas de sílica ou forma um novo núcleo de partículas de sílica com base nas condições de reação [5].

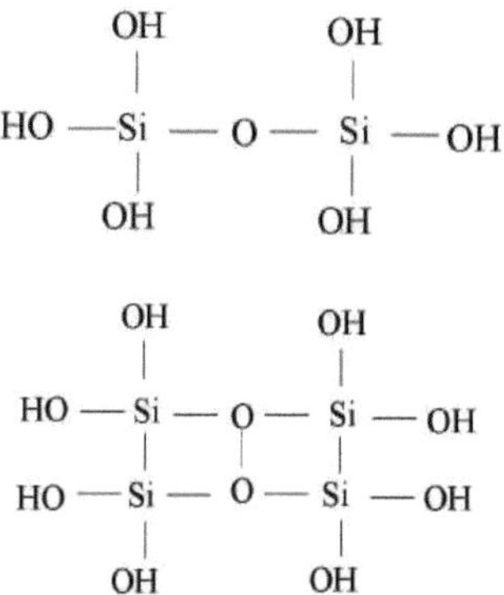

Figura 2-2: Hidrólise e condensação da sílica

As reacções de hidrólise e condensação no processo sol gel podem ser influenciadas por muitos outros factores, tais como a razão de hidrólise água/silano, catalisador, pH, temperatura e a natureza do solvente [1, 3, 5, 35, 36]. As fases de polimerização podem ser descritas como i) polimerização de monómeros em polímeros, ii) condensação de polímeros em cristais primários, iii) crescimento ou aglomeração de cristais primários em partículas e iv) ligação de partículas em cadeias e redes tridimensionais, como se mostra na Figura 2.3 [3, 35, 37] . A rede de cadeias estende-se ao longo do meio líquido, espessando a rede num gel. Na última fase, a água e o álcool são evacuados da estrutura da rede, causando um encolhimento gradual e até mesmo a fissuração do gel monolítico [3, 35, 37].

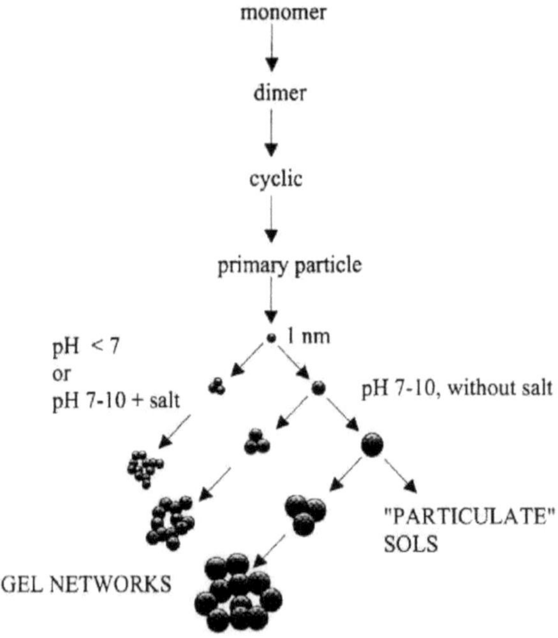

Figura 2-3: Reacções de alcoxi-silanos e comportamento de polimerização da sílica

1.1.2 Factores que afectam a estrutura do xerogel de sílica processado por Sol Gel

Uma estrutura porosa e amorfa é uma das características mais marcantes do xerogel de sílica derivado do sol gel. A reatividade da matriz, devido aos grupos hidroxilo livres, como se mostra na Figura 2.4, é outra propriedade típica do xerogel de sílica. A microestrutura do xerogel de sílica pode ser controlada alterando a razão molar água/alcóxido, o tipo ou concentração do catalisador, consolidando/sinterizando o xerogel de sílica por tratamento térmico ou utilizando alcóxidos substituídos por alquilo ou outros aditivos [38].

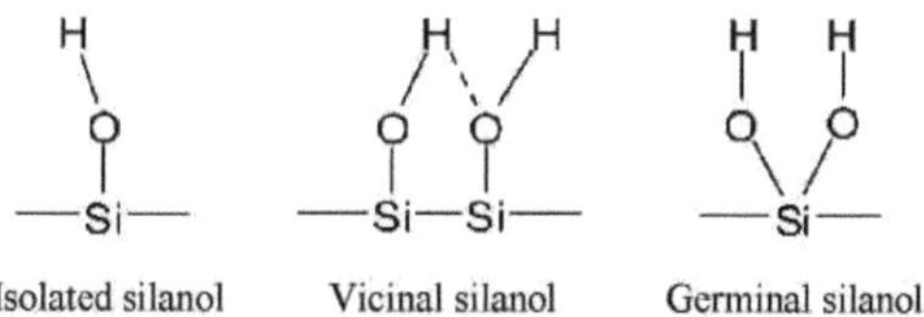

Figura 2-4: Diferentes tipos de grupos silanol na superfície da sílica

2.2.2.1 Razão molar água/alcóxido

A razão molar água/alcóxido (r) tem um efeito significativo na microestrutura do xerogel de sílica [31]. Quando a razão molar água/alcóxido é baixa, a condensação do álcool é dominante e o tempo de gelificação é mais longo, conduzindo a materiais mais microporosos. Os géis produzidos a partir de um sol com maior teor de água (r > 4) apresentaram uma microestrutura mais grosseira do que os géis produzidos a partir de solues com menor teor de água (r < 4) [39]. No entanto, quando o rácio água/alcaloide é superior a 10, a microestrutura depende apenas ligeiramente do teor de água. Os géis produzidos a partir de soluções com menor teor de água têm mais ligandos alcoxi não reagidos do que os produzidos a partir de soluções com maior teor de água e, por conseguinte, formam estruturas mais lineares semelhantes a cadeias [40]. Com uma concentração de água mais elevada, formam-se polímeros mais ramificados. É possível extrair fibras a partir de soluções produzidas com uma baixa relação água/TEOS e um pH baixo [41].

2.2.2.2 Catalisador

O efeito do pH na estrutura e morfologia dos poros tem sido objeto de um estudo aprofundado [31]. Mudanças no pH da solução alteram as taxas relativas de hidrólise e condensação, produzindo produtos que variam de fracamente ramificados a sólidos de sílica particulados [31]. Iler [42], divide o processo de polimerização em três domínios aproximados de pH: pH < 2, pH 2-7 e pH > 7. O pH igual a 7 aparece como um limite porque a solubilidade da sílica e as taxas de dissolução são maximizadas. A cinética e o mecanismo de crescimento da reação dependem do valor do pH da solução. Com um pH ácido, o crescimento das partículas pára quando é atingido o tamanho de 2 a 4 nm. Quando o pH é superior a 7, o crescimento das partículas depende principalmente da temperatura e podem formar-se partículas com mais de 100 nm de diâmetro sob a forma de sólidos particulados. A um pH superior a 7, as partículas são carregadas negativamente e repelem-se umas às outras, não ocorrendo agregação de partículas (solutos particulados). A pH baixo, perto do ponto isoelétrico (PEI) da sílica, as forças repulsivas entre as partículas são baixas e as partículas colidem e formam redes contínuas que conduzem a redes de gel [42].

As taxas relativas de hidrólise e condensação determinam efetivamente a morfologia do xerogel final. Geralmente, as partículas de sílica são carregadas positivamente a um pH baixo e negativamente a um pH elevado. No ponto isoelétrico da sílica (IEP de pH entre 1 e 3), onde a mobilidade electroforética das partículas é zero, ou no ponto de carga zero, onde a carga superficial é zero, a taxa de condensação é a mais lenta [42]. Os sólidos fracamente básicos a moderadamente ácidos têm quantidades significativas de grupos silanol desprotonados (SiO-) que aumentam a taxa de condensação, causando a formação de espécies de sílica altamente ramificadas. A gelificação destas espécies ramificadas resulta na formação de regiões mesoporosas com um tamanho de poro entre 2 nm e 50 nm. À medida que o pH é reduzido para a PEI (ou seja, entre 1 e 3), os tempos de gelificação aumentam, o que leva à formação de um gel de sílica linear ou ramificado aleatoriamente com uma estrutura altamente microporosa com um diâmetro de poro inferior a 2 nm [43]. A concentrações muito elevadas de ácido, abaixo do IEP (pH < 1), os xerogéis secos tornam-se mais mesoporosos [44]. Isto deve-se à protonação dos silanóis para produzir grupos $(SiOH^{2+})$, que são grupos activos e actuam para aumentar a taxa de condensação [31].

Um gel seco contém uma concentração muito grande de hidroxilos quimicamente absorvidos na superfície dos poros. Um gel estabilizado (pode ser formado por tratamento térmico na gama de temperaturas de 500-800 °C) dessorve os hidroxilos, diminuindo assim o ângulo de contacto e a sensibilidade do gel à tensão de reidratação [3].

O objetivo do processamento em sol gel é controlar a estrutura de um material à escala nanométrica desde as primeiras fases do processamento. Este objetivo foi alcançado para pós de sílica pura, fibras e mesmo monólitos. O potencial de propriedades melhoradas devido ao processamento ultra-estrutural, ao controlo de uma pureza mais elevada e a uma maior homogeneidade foi concretizado utilizando o método sol-gel. Outras vantagens, tais como a fundição em forma de rede, a extração de fibras e o revestimento de película do processamento sol-gel a temperaturas mais baixas, também atingiram um potencial económico [3].

O processo Sol gel oferece um método potencialmente simples para o fabrico de óxidos cerâmicos complexos a partir de precursores moleculares ou oligoméricos [45]. As matérias-primas de elevada pureza, a mistura a nível molecular e a baixa temperatura de processamento permitem o controlo da composição e das taxas de reação, resultando em microestruturas que não podem ser facilmente obtidas por outros processos [46]. O processamento em sol gel tem sido utilizado para produzir uma enorme variedade de materiais, tais como pós coloidais com tamanho e morfologias controlados, fibras cerâmicas policristalinas, revestimentos ópticos, aerogéis de baixa densidade, películas finas electro-ópticas e ferroeléctricas, membranas inorgânicas e reactores de membrana [47, 48].

2.3 Propriedades termofísicas

As propriedades termofísicas das nanopartículas de sílica estão relacionadas com o tamanho das partículas, a área de superfície e a morfologia. Estas propriedades podem ser controladas através da variação dos parâmetros de reação dos materiais sintetizados pelo processo sol-gel [35, 38].

As propriedades termofísicas de uma solução no processo sol gel são dependentes do tempo e estão relacionadas com o tamanho das partículas. Assim, qualquer variação dos parâmetros de processamento que induza um aumento do tamanho aparente das partículas aumenta o índice de refração, a viscosidade e a densidade [49]. O efeito do catalisador mostra que as amostras de sol gel de sílica catalisadas por ácido têm uma viscosidade mais elevada do que as amostras de sol catalisadas por base [50]. Por outro lado, o efeito da água e da concentração de alcóxido de silício na viscosidade é mais complexo; a um baixo teor de água, um aumento da quantidade de H_2O aumenta a viscosidade, que atinge um máximo e depois diminui com um novo aumento da concentração de água [3].

As propriedades físicas, como o índice de refração, estão relacionadas com certas propriedades químicas, apesar de fornecerem uma descrição volumosa das propriedades [51]. É essencial para estruturas dieléctricas multicamadas, ressonadores ópticos e cristais fotónicos [49]. O MgF_2, o CaF_2 e o SiO_2 com índices de refração de 1,39, 1,44 e 1,46, respetivamente, são compostos densos com os índices de refração mais baixos [52]. O índice de refração de um material está relacionado com a sua densidade, o índice pode ser diminuído através da introdução de porosidade, desde que os tamanhos dos poros sejam muito menores do que os comprimentos de onda electromagnéticos de interesse. O índice de refração está relacionado com a porosidade de acordo com a relação Lorentz-Lorenz [51].

$$\frac{\left(n_f^2-1\right)}{\left(n_f^2+2\right)}=\left(1-V_f\right)\left(\frac{n_s^2-1}{n_s^2+2}\right) \tag{2.4}$$

Onde n_f e n_s são os índices de refração da película porosa e do esqueleto sólido, respetivamente, e v_f é a fração volumétrica dos poros. Assim, ajustando a porosidade e, consequentemente, o índice de refração do revestimento, é possível ajustar as propriedades de refração de qualquer material do substrato [51]. O índice de refração do vidro situa-se entre 1,45 e 1,65 na região do espetro visível, o que significa que o índice de refração da película de interferência refractiva deve situar-se entre 1,20 e 1,25. Este baixo índice de refração torna difícil a conceção de uma camada única densa em vidro.

O SiO2 nanoporoso com índice de refração de 1,23 foi demonstrado para camadas de quarto de onda. Foram demonstrados índices ainda mais baixos, de 1,14, para camadas mais espessas. No entanto, os processos de spin on sol gel não são adequados para camadas simultaneamente muito finas e de índice muito baixo [52].

A viscosidade de um fluido resulta do atrito interno do fluido e pode ser descrita como uma resistência interna de um gás ou de um líquido ao fluxo [49]. Podem ser produzidas diferentes formas físicas de nanopartículas de sílica, tais como fibras, revestimentos e monólitos, utilizando um processo sol-gel, variando os parâmetros da reação. Um desses parâmetros é a viscosidade do sistema sol-gel. Alguns investigadores referiram que as fibras podem ser produzidas a partir de uma gama de viscosidade superior a 1pa.s [3]. Os revestimentos podem ser aplicados quando a concentração de óxidos se encontra dentro de certos limites (várias dezenas de gramas de óxido por litro), a fim de fixar a viscosidade [3].

A viscosidade de uma solução no processo sol-gel depende do tempo e está relacionada com o tamanho das partículas. A viscosidade é maior para as moléculas maiores. Assim, qualquer variação dos parâmetros de processamento que induza um aumento do tamanho aparente das partículas aumenta a viscosidade [50].

As partículas de sílica coloidal são muito porosas e têm uma densidade na ordem dos 1,01500 Kg/m^3 , dependendo do processo utilizado para formar as partículas, enquanto a sílica fundida tem uma densidade de 2200 Kg/m^3 [53]. Os aerogéis de sílica nano-porosos transparentes e não fissurados com densidades de 3 a 80 Kg/m^3 podem ser preparados pelo método sol-gel em duas fases [54]. A estrutura do aerogel de sílica pode ser efetivamente controlada através da alteração dos parâmetros experimentais [49]. O aerogel de sílica de densidade ultra baixa, com uma densidade tão baixa como 3400 Kg/m^3 , foi preparado com êxito através de um processo sol gel com uma técnica de catálise ácido/base em duas fases [50].

2.4 Controlo do tamanho das partículas

O tamanho das partículas é normalmente controlado através da variação da cinética de nucleação e crescimento [31, 35]. O processo de nucleação é afetado pela alteração dos parâmetros da reação, tais como a concentração dos reagentes, a temperatura, a viscosidade do solvente e o tipo e concentração do agente estabilizador. Em geral, as partículas maiores são produzidas quando existe um menor número de núcleos presentes, enquanto as partículas mais pequenas são formadas quando existe uma elevada concentração de reagentes e uma taxa de nucleação rápida. As partículas aumentam de tamanho através da agregação de pequenos colóides ou pela adição de partículas de baixo peso molecular [55].

Rahman *et al.*[30] estudaram o efeito da concentração de TEOS, do amoníaco e da temperatura no tamanho das partículas de nanopartículas de sílica sintetizadas através do processo Stober. Eles demonstraram que o aumento da concentração de TEOS resultou em partículas de sílica maiores [38]. Isto reflecte um aumento na concentração de partículas primárias durante o período de indução. A maior concentração de amoníaco leva a tamanhos de partículas maiores devido ao aumento da taxa de hidrólise do TEOS. O tamanho das partículas diminui com o aumento da temperatura devido ao aumento da taxa de nucleação. Verificaram também que as partículas sintetizadas em etanol são maiores do que as sintetizadas em metanol em condições idênticas. Os núcleos gerados em metanol são mais pequenos devido ao rácio de super saturação mais elevado do monómero hidrolisado [55, 56].

2.5 Aplicações das nanopartículas de sílica

As nanopartículas de sílica têm aplicações importantes numa grande variedade de domínios, como a separação, a catálise, a adsorção de metais e também como nanomateriais avançados [57], devido às suas vantagens como a elevada estabilidade química, mecânica e térmica, com a sua elevada área superficial e porosidade [58].

As nanopartículas de sílica são utilizadas em aplicações catalíticas para aumentar a eficiência da matriz de sílica dopada com metal para aplicações catalíticas. Algumas das propriedades desejadas incluem uma grande área de superfície, o acesso fácil das nanopartículas metálicas aos reagentes, a ausência de fugas de nanopartículas metálicas dos materiais compósitos e a ausência de agregação ou envenenamento das nanopartículas metálicas [10, 59].

As nanopartículas de sílica são utilizadas para melhorar as propriedades ópticas dos compósitos metálicos, as partículas metálicas presentes no interior da matriz devem ter uma distribuição de tamanho uniforme e estar dispersas uniformemente na matriz [60].

Além disso, a sílica pode ser utilizada como um bom sensor. Devem demonstrar uma alteração visível ou eléctrica numa das propriedades quando estimuladas por um sinal, que pode então ser detectado ótica ou eletronicamente [61]. Por exemplo, Weiping *et al.* [10] mostraram que o material de sílica dopado com prata muda de cor, passando de transparente a diferentes tons de castanho, dependendo da quantidade de humidade presente na atmosfera, actuando assim como um dispositivo sensor de humidade.

Além disso, os materiais de sílica mesoporosa têm várias características atractivas para utilização na administração de fármacos insolúveis em água [62, 63]. Estas partículas têm grandes áreas de superfície e interiores porosos que podem ser utilizados como reservatórios para armazenar fármacos hidrofóbicos. A dimensão e o ambiente dos poros podem ser adaptados para armazenar seletivamente diferentes moléculas de interesse, enquanto a dimensão e a forma das partículas podem ser ajustadas para maximizar a absorção celular [64].

2.6 Modificação de nanopartículas de sílica

As propriedades químicas da superfície da sílica são determinadas principalmente pelos vários grupos silanol e siloxano que estão presentes na estrutura externa e interna. A estrutura das nanopartículas de sílica apresenta redes tridimensionais. Os grupos silanol e siloxano são criados na superfície da sílica, levando à natureza hidrofílica das partículas. As superfícies da sílica são normalmente cobertas por três tipos de silanol, como se mostra na Figura 2.5 silanóis livres ou isolados, silanóis ligados por hidrogénio ou vicinais e silanóis geminais [1]. Estas ligações mantêm as partículas individuais de sílica unidas e os agregados permanecem intactos mesmo nas melhores condições de mistura.

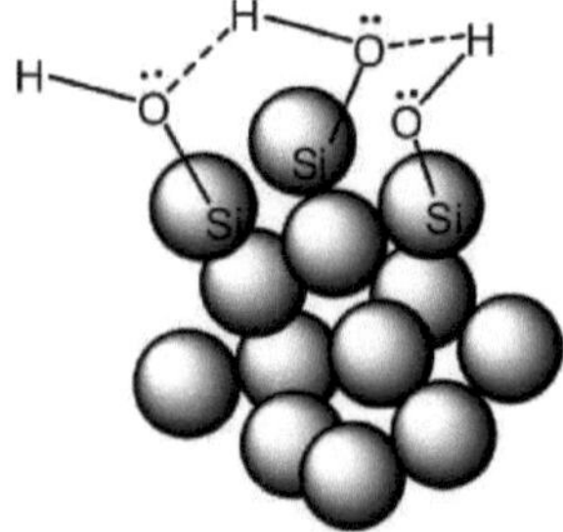

Figura 2-5: Agregação através de ligações de hidrogénio entre grupos silanol

Os grupos hidroxilo na superfície das partículas de sílica podem ser facilmente adaptados com compostos orgânicos ou polímeros [1, 65]. Os silicatos modificados organicamente representam sistemas híbridos em que se combinam vários tipos de precursores. Estes sistemas são intermédios entre vidros e polímeros. Os xerogéis de sílica em que as cadeias orgânicas estão ligadas covalentemente ao átomo de sílica da rede são designados por compostos do tipo II. Os grupos orgânicos ligados à rede de óxido por ligações químicas estáveis alteram a estrutura interna, reduzindo o grau de reticulação. A quantidade de grupos silanol de superfície diminui e conduz a uma reatividade química modificada e a uma maior hidrofobicidade [41]. Ajustando a relação entre o tetra-alcoxissilano e o alcóxido substituído por alquilo, é possível controlar a estrutura e a hidrofobicidade do gel de sílica. A dimensão dos poros e a área de superfície específica da matriz de xerogel de sílica aumentam com o aumento do comprimento do grupo alquilo.

A funcionalização da matriz de sílica mesoporosa com polímeros, metais, semicondutores e óxidos metálicos tem recebido um reconhecimento considerável devido às suas excelentes propriedades catalíticas, optoelectricas, químicas e ambientais. A técnica mais conveniente para a funcionalização da superfície da sílica é a dopagem da matriz de sílica sintetizada em sol gel com nanopartículas metálicas. A técnica de revestimento por imersão é a mais simples para desenvolvimentos técnicos à escala laboratorial, uma vez que não requer qualquer instrumentação sofisticada, mas proporciona uma excelente fiabilidade e reprodutibilidade. As várias formas de aplicação de revestimentos, como o revestimento por imersão, os revestimentos por pulverização e o revestimento por centrifugação, são talvez as mais conhecidas [66]. Estes materiais sol-gel dopados com metais são amplamente utilizados em aplicações catalíticas, ópticas e de sensores [10]. É também possível modificar as propriedades ácido-básicas dos sítios activos na superfície das partículas [10]. A tecnologia sol-gel abriu a possibilidade de produzir nanopartículas cerâmicas com uma grande área superficial e uma grande variedade de sítios activos na sua superfície, particularmente apropriadas para o fabrico de iões metálicos, dispositivos ópticos, fibras e filmes finos [29, 33]. Devido à natureza hidrofílica das nanopartículas de sílica, existem alguns métodos importantes utilizados para a modificação da sílica, tais como

Adição de sais metálicos (nitrato, cloreto e sulfato) diretamente às misturas solares hidrolisadas de TEOS e TMOS, para formar géis. Os géis são então submetidos a altas temperaturas para reduzir os sais metálicos às respectivas nanopartículas metálicas. Algumas das partículas sintetizadas por este método tendem a precipitar-se para fora da matriz de sílica. Isto provoca uma diminuição da carga metálica, o que, por sua vez, causa uma perda de eficiência catalítica [62].

Outro método envolve a imersão da matriz de sílica calcinada na solução de sal metálico durante um período de tempo específico. O sal metálico penetra na matriz de sílica, que pode então ser reduzida a nanopartículas metálicas por decomposição térmica. A principal desvantagem deste método é a distribuição irregular das partículas metálicas, bem como a ampla distribuição dos tamanhos das nanopartículas, dependendo da impregnação do sal metálico na matriz de sílica. A deposição de vapor químico de nanopartículas metálicas é também por vezes utilizada em vez da impregnação, uma vez que assegura uma melhor distribuição das nanopartículas na matriz de sílica. No entanto, torna-se muito difícil manter uma distribuição estreita de tamanhos, uma vez que o tamanho das partículas metálicas varia entre 5 nm e 20 nm [67].

No método de substituição do tensioativo, as partículas metálicas substituem os tensioactivos, revestindo as paredes internas da matriz de sílica porosa [9]. Neste método, as partículas metálicas são depositadas por imersão da matriz de sílica contendo tensioativo no sal metálico, que simplesmente substitui o tensioativo. Estes tensioactivos são posteriormente removidos por tratamentos químicos ou por queima dos tensioactivos, submetendo as amostras a temperaturas elevadas.

As paredes internas da matriz de sílica mesoporosa também podem ser modificadas utilizando compostos inorgânicos, que são susceptíveis aos compostos metálicos. Neste método, os precursores de sílica, como os TMOS ou os TEOS, são primeiro modificados com uma longa cadeia de moléculas orgânicas, que são posteriormente ligadas a moléculas inorgânicas contendo grupos laterais metálicos [68]. Estes compostos são depois reduzidos a nanopartículas metálicas por calcinação.

O método de modificação menos comum é a utilização de modelos contendo metais, sobre os quais se permite que o precursor de sílica se condense para formar materiais mesoporosos. Dois exemplos de tais substratos são o núcleo de micelas de copolímero em bloco e os microgéis, no interior dos quais as nanopartículas estão localizadas e que são depois utilizados para a fundição de sílica após as partículas de metal serem incorporadas na matriz de sílica [10].

2.7 Caracterização das nanopartículas de sílica

São utilizadas algumas técnicas de caraterização para compreender as relações estrutura-propriedade, a estrutura química, a microestrutura e a morfologia, bem como as propriedades físicas, dos nanocompósitos.

As propriedades das nanopartículas de sílica dependem fortemente da sua composição, do tamanho das partículas e da interação interfacial [67]. A interação interfacial entre as nanopartículas de sílica e o modificador (que depende do procedimento de preparação) afecta fortemente as propriedades químicas, mecânicas, térmicas e outras dos nanocompósitos.

2.7.1 Técnicas de caraterização

As superfícies internas são críticas na determinação das propriedades dos materiais nanocarregados, uma vez que as nanopartículas de sílica têm uma elevada relação área superficial/volume, particularmente quando o tamanho diminui para menos de 100 nm [1]. A zona de interação tem um impacto significativo nas propriedades das nanopartículas de sílica. Por conseguinte, têm sido utilizados diferentes tipos de caraterização para estabelecer e comparar a estrutura e as características da superfície das nanopartículas de sílica pura e modificada.

2.7.1.1 Grupos funcionais das nanopartículas de sílica

A estrutura química das nanopartículas de sílica é geralmente identificada pelos espectros FTIR. A espetrometria de infravermelhos com transformada de Fourier (FTIR) é amplamente utilizada para provar a formação de nanopartículas de sílica, especialmente para as preparadas pela reação sol-gel, em cujo processo pode ser formada uma rede de sílica [10, 59].

2.7.1.2 Morfologia das nanopartículas de sílica

A microscopia eletrónica é utilizada para visualizar a morfologia das nanopartículas de sílica através do bombardeamento de electrões como fonte de formação de imagens. Os tipos mais comuns de microscopia eletrónica são a microscopia eletrónica de varrimento (SEM) e a microscopia eletrónica de transmissão (TEM). A SEM observa as propriedades da superfície, enquanto a TEM oferece o estudo inerte do material.

A microscopia eletrónica de varrimento (SEM) é uma das técnicas mais essenciais utilizadas para determinar as propriedades da superfície das nanopartículas de sílica. A MEV é utilizada para determinar a alteração morfológica através do varrimento da amostra com um feixe de electrões de alta energia [69]. Esta técnica pode ser utilizada para examinar muitas características da amostra, como a topografia da superfície, a cristalografia e a composição. Os raios X característicos, que também são produzidos pela interação dos electrões com a amostra, podem igualmente ser detectados em MEV equipados para espetroscopia de raios X por dispersão de energia (EDS ou EDX) [70]. O sistema EDX permite uma rápida identificação das fases da amostra [70, 71].

2.7.1.3 Distribuição de partículas de nanopartículas de sílica

O microscópio eletrónico de transmissão é um dos sistemas mais comuns e poderosos para caraterizar os nanomateriais, principalmente quando a determinação da forma e do tamanho das partículas é importante [72]. A técnica TEM é utilizada para investigar a distribuição de nanopartículas de sílica pura e de sílica modificada. A fase de espécime é fundamental para efetuar a análise da estrutura e dar a possibilidade de caraterizar as propriedades físicas de nanoestruturas individuais [67, 73].

2.7.1.4 Cristalito de nanopartículas de sílica

A difração de raios X (DRX) é uma das técnicas mais essenciais utilizadas em nanotecnologia, que revela informações detalhadas sobre a composição química e a estrutura cristalográfica da sílica pura e o efeito da modificação na estrutura cristalográfica das nanopartículas de sílica. Este método é ideal para a caraterização e identificação de fases cristalinas. O padrão de difração de raios X de uma substância pura é como uma impressão digital da substância. A principal utilização da difração de pós é a identificação de componentes existentes na amostra através de um procedimento de procura e correspondência em que mil componentes, como a fase orgânica, inorgânica e cristalina, foram recolhidos e armazenados em suportes magnéticos ou ópticos como padrões.

O material sólido pode ser descrito como amorfo ou cristalino. A substância amorfa envolve a disposição aleatória dos átomos, enquanto que no material cristalino os átomos estão dispostos num padrão regular. A relação pela qual a difração ocorre é conhecida como a lei ou equação de Bragg. Uma vez que cada material cristalino tem uma estrutura atómica caraterística, difractará os raios X com um padrão caraterístico único [74]. A lei de Bragg, como mostra a equação (2.5), explica as faces de clivagem dos cristais que fazem com que os raios X se difractem em determinados ângulos e comprimentos de onda.

$$2d(\sin\theta) = \lambda \tag{2.5}$$

Onde

d = espaçamento interplanar da treliça do cristal

θ = o ângulo de incidência dos raios X (ângulo de Bragg)

λ = o comprimento de onda dos raios X característicos.

2.7.1.5 Composições de nanopartículas de sílica

A tecnologia de fluorescência de raios X (XRF) fornece um dos métodos analíticos mais simples, mais precisos e mais económicos para a determinação da composição elementar menor e maior dos materiais [75, 76].

2.7.1.6 Analisador da área de superfície e da dimensão dos poros

Foram aplicadas várias técnicas para determinar a área de superfície dos materiais sólidos. A análise da superfície das nanopartículas de sílica foi realizada por isotérmicas de sorção de azoto com um micromeritics ASAP 2000. A área de superfície, o tamanho dos poros e o volume dos poros são geralmente descritos pelas isotérmicas de gás ou de dessorção [77]. As relações entre as quantidades acumuladas de gás adsorvido e a pressão do gás são representadas graficamente para gerar a isotérmica e a teoria de adsorção-dessorção de gás BET é utilizada para determinar uma área de superfície específica para a amostra [68].

2.7.1.7 Análise da estabilidade térmica

A análise termogravimétrica (TGA) é uma técnica em que as alterações no peso de uma amostra são registadas em função da temperatura. A amostra é aquecida no ar ou numa atmosfera controlada, como o azoto [78]. A TGA é uma das técnicas mais comuns utilizadas para investigar a estabilidade térmica de um material, monitorizando a alteração de peso em resultado do aquecimento da amostra. A análise envolve o aquecimento de uma massa conhecida de amostra num gás inerte ou numa atmosfera oxidante e a medição da variação de massa em intervalos de temperatura específicos para fornecer indicações sobre a estabilidade térmica da amostra [79]. Além disso, a estabilidade térmica das nanopartículas de sílica pode ser avaliada através da análise TGA [59]. A estabilidade térmica é um fator significativo que determina a aplicabilidade de nanopartículas de sílica modificadas para aplicações a altas temperaturas [10, 47].

CAPÍTULO 3
METODOLOGIA DE INVESTIGAÇÃO

3.1 Introdução

Desenvolvimentos recentes na conceção de nanopartículas de sílica funcionalizadas à superfície revelaram o potencial promissor da utilização destes materiais estruturalmente ordenados para muitas aplicações, tais como adsorventes, catalisadores, membranas e administração de fármacos/genes.

Embora tenham sido efectuados numerosos estudos sobre o processo sol-gel como um método adequado para a síntese de nanopartículas com propriedades únicas, são necessárias mais investigações para determinar a influência de diferentes parâmetros de síntese no tamanho das partículas e na morfologia das nanopartículas de sílica. Por conseguinte, foi estudado o efeito da relação entre a água e o tetraetilortosilicato (TEOS) para a síntese de soluções de sílica com diferentes relações de hidrólise. Além disso, foram investigados os efeitos da razão de hidrólise nas propriedades termofísicas destes solues. As nanopartículas de sílica têm uma elevada estabilidade química, mecânica e térmica, mas a caraterística mais proeminente que dificulta a sua utilização é a sua natureza hidrofílica. A natureza hidrofílica das nanopartículas de sílica é o desafio que tem de ser ultrapassado quando se utilizam nanopartículas de sílica como material sorvente. Por conseguinte, foi estudada a modificação das nanopartículas de sílica para as converter de hidrofílicas em hidrofóbicas.

A presente investigação descreve o trabalho centrado na síntese, modificação e caraterização de nanopartículas de sílica. Este capítulo está dividido em três partes:

i. A primeira parte trata da síntese de soluções de sílica com diferentes rácios de hidrólise e da determinação das suas propriedades termofísicas. Avalia-se o efeito do rácio de hidrólise no tamanho das partículas, na morfologia e nas propriedades termofísicas, tais como índices de refração, viscosidades e densidades dos solues de sílica.

ii. A segunda parte envolve a modificação líquida de soluções de sílica utilizando modificadores inorgânicos e orgânicos com diferentes percentagens (1, 3 e 5 %). A modificação inorgânica dos solues de sílica inclui sol de alumina, sol de zircónio e sol de titânio, enquanto a modificação orgânica dos solues de sílica utiliza hexametil dissilizano (HMDS). As nanopartículas de sílica hidrofóbicas foram sintetizadas utilizando o processo sol gel. É utilizada uma nova técnica para sintetizar nanopartículas de sílica hidrofóbica que contém duas características salientes que são, em primeiro lugar, a modificação líquida do sol de sílica com diferentes modificadores de sol (sol de sílica para modificador de sol) para sintetizar nanopartículas de sílica hidrofóbica utilizando sol de óxido de metal como modificadores inorgânicos e hexametil dissilazano (HMDS) como modificador orgânico e, em segundo lugar, a síntese à temperatura ambiente das nanopartículas de sílica hidrofóbica.

iii. A terceira parte descreve a influência da percentagem do modificador na morfologia, distribuição das partículas, cristalitos, estrutura, área de superfície e estabilidade térmica das nanopartículas de sílica. Foram utilizadas várias técnicas de análise para caraterizar as nanopartículas de sílica sintetizadas, tais como microscopia de varrimento por emissão de campo (FESEM), microscopia eletrónica de transmissão (TEM), espetroscopia de infravermelhos com transformada de Fourier (FTIR), difração de raios X (XRD), fluorescência de raios X (XRF), adsorção física de N_2 (BET) e análise termogravimétrica (TGA).

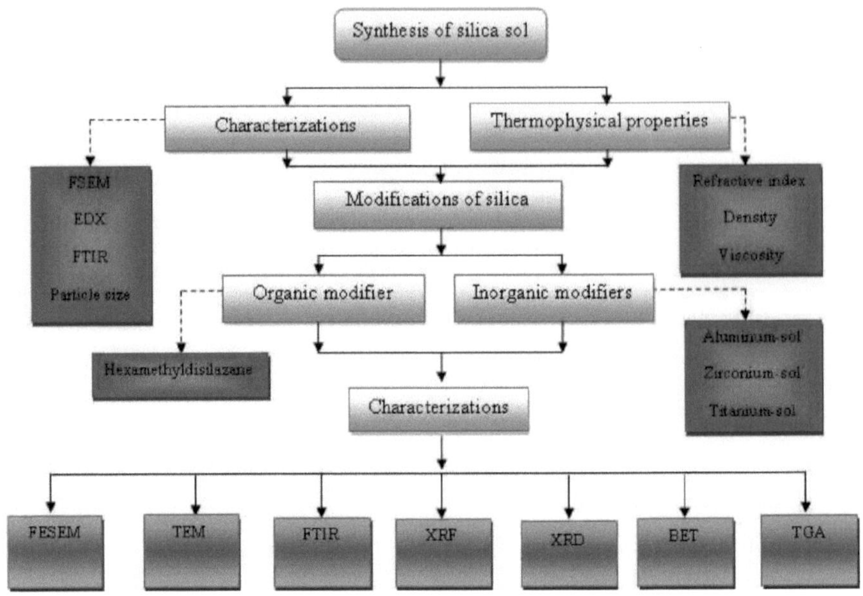

Figura 3-1: Fluxograma da metodologia de investigação

3.2 Materiais

A síntese das nanopartículas de sílica foi efectuada à temperatura ambiente e todos os produtos químicos foram utilizados como recebidos. Tetraetilortosilicato (TEOS) (98% de pureza), isopropóxido de alumínio (98% de pureza), isopropóxido de titânio (IV) (98% de pureza), etóxido de zircónio (IV) (99% de pureza), ácido etilenodiaminotetracético (EDTA) (99.5% de pureza) da ACROS ORGANICS, hexametil dissilazano (HMDS) (98% de pureza) e acetona (99,8% de pureza) da Merck, etanol (95%) da HmbG chemicals, amoníaco (25% de pureza) e ácido nítrico (65% de pureza) da R&M chemicals.

3.3 Síntese de soluções de sílica

A síntese de nanopartículas de sílica através do processo sol-gel é influenciada por muitos parâmetros, tais como a razão de hidrólise, o catalisador, o pH, a temperatura e o solvente. Neste estudo, sintetizámos solues de sílica com diferentes rácios de hidrólise para investigar o efeito do rácio de hidrólise nas propriedades termofísicas, no tamanho das partículas e na morfologia dos solues de sílica sintetizados.

3.3.1 Síntese de soluções de sílica com diferentes rácios de hidrólise (r)

Foram sintetizadas cinco soluções de sílica utilizando uma micropipeta, o TEOS (0,5 M) foi utilizado como material de partida e o amoníaco (0,5 M) foi utilizado como catalisador de base, tendo sido depois adicionada água destilada e misturada. Devido à baixa solubilidade do TEOS em água, foi adicionado etanol como dispersante. Os rácios de hidrólise de água/TEOS (r) foram 2, 4, 6, 8 e 10. As misturas preparadas foram agitadas a 100 rpm à temperatura ambiente (25°C) durante uma hora. As composições das soluções de sílica são apresentadas na Tabela 3.1.

Tabela 3.1: Composição dos solues de sílica sintetizados

Sol	TEOS mL	NH_3 mL	H_2O mL
1	1	0.237	2
2	1	0.237	4
3	1	0.237	6
4	1	0.237	8
5	1	0.237	10

As reacções de hidrólise e subsequente condensação têm lugar para produzir nanopartículas de sílica, como se mostra nas equações (3.1, 3.2 e 3.3) abaixo:

$$Si\,(OC_2H_5)_4 + H_2O \xrightarrow{OH^-} Si(OH)_4 + C_2H_5OH \qquad (3.1)$$

$$Si\,(OH)_4 + Si\,(OH)_4 \xrightarrow{OH^-} Si - O - Si + H_2O \qquad (3.2)$$

$$Si\,(OH)_4 + Si(OC_2H_5)_4 \xrightarrow{OH^-} Si - O - Si + C_2H_5\,OH \qquad (3.3)$$

Durante a reação de hidrólise (Eq. 3.1), a adição de água substitui os grupos alcóxidos $(OC\,H_{25})$ por grupos hidroxilo (OH^-). Subsequentemente, as reacções de condensação (Eq. 3.2 e 3.3) envolvendo grupos silanol (Si-OH) produzem ligações siloxano (Si-O-Si) [1, 3, 4, 31, 80]. O mecanismo de reação do catalisador de base do sol de sílica é mostrado abaixo [31].

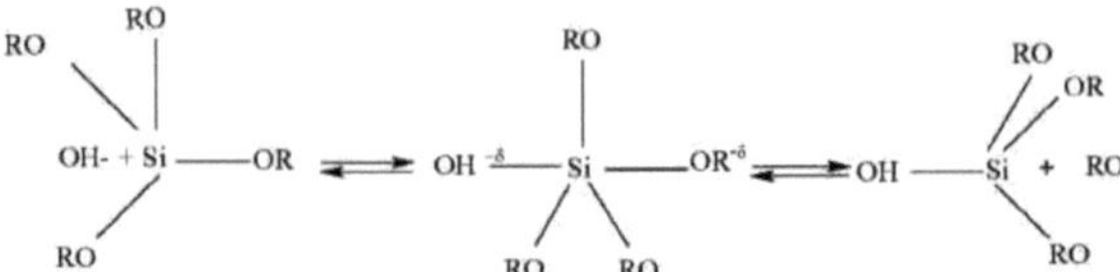

Figura 3-2: O mecanismo de reação do catalisador de base do sol de sílica

3.4 Propriedades termofísicas

As propriedades termofísicas, tais como o índice de refração, a densidade e a viscosidade, estão relacionadas com certas propriedades químicas, apesar de ser fornecida uma descrição das propriedades globais [49].

3.4.1 Índice de refração

O índice de refração de um meio ou de um composto é definido como a razão entre a velocidade da luz no vácuo e a velocidade da luz no meio ou no composto [49]. O refratómetro digital programável ATAGO (RX-5000 alpha), com uma precisão de medição de ($\pm 4 \times 10^-5$) e uma temperatura controlada ($\pm 0,05\ °C$), foi utilizado para medir o índice de refração dos solues de sílica sintetizados no intervalo de temperatura (298 a 333) K. O aparelho foi calibrado medindo o índice de refração da água de qualidade Millipore e de solventes orgânicos puros com índices de refração conhecidos. As amostras de sol de sílica foram introduzidas diretamente na célula (conjunto prismático) utilizando um conta-gotas. Foram efectuadas pelo menos três medições independentes para cada amostra a cada temperatura, para garantir a precisão da medição.

3.4.2 Viscosidade e densidade

As medições da densidade e da viscosidade foram efectuadas a uma gama de temperaturas (293,15 a 343,15) K utilizando o viscosímetro Anton Paar (modelo SVM3000). Uma medição de densidade incorporada baseada no princípio do tubo em U oscilante permite-nos determinar a viscosidade cinemática a partir da viscosidade dinâmica medida [49, 81]. A gama de medição deste instrumento é a seguinte: viscosidade dinâmica 0,2-20000 mPa.s, viscosidade cinemática 0,2-20000 mm^2 /s, densidade 0,65-3,0 g/cm^3 , e gama de temperaturas 20-105 °C. A temperatura foi controlada ($\pm$0,01 °C). O volume de amostra necessário para ambas as células de medição é de 2,5 ml. O instrumento foi calibrado antes de cada série de medições e verificado utilizando solventes orgânicos puros com viscosidade e densidade conhecidas e também medindo as densidades do ar atmosférico. Durante as medições, o sol de sílica foi injetado no instrumento com uma seringa.

3.5 Modificação líquida de nanopartículas de sílica

As nanopartículas de sílica estão disponíveis no mercado e também podem ser sintetizadas em laboratório através do processo sol gel. As propriedades químicas da superfície da sílica são determinadas principalmente pela presença de vários grupos silanol e siloxano na superfície das nanopartículas de sílica. Os grupos hidroxilo na superfície das nanopartículas de sílica podem ser facilmente adaptados com compostos inorgânicos ou orgânicos [31, 82]. Os grupos silanol podem ser facilmente funcionalizados através de diferentes procedimentos químicos.

A modificação líquida (sol a sol) de nanopartículas de sílica é um novo método para sintetizar sílica hidrofóbica. A vantagem da modificação líquida é evitar a aglomeração de partículas de sílica para obter partículas de pequena dimensão, elevada porosidade e elevada área de superfície através da adição de sol a sol. As modificações da sílica utilizando alcóxidos metálicos (sol de alumina, sol de zircónio, sol de titânio) ou hexametil dissilazano (HMDS) são a técnica mais conveniente para a funcionalidade da superfície da sílica, de modo a converter as nanopartículas de sílica de material hidrofílico em material hidrofóbico.

3.5.1 Modificação de nanopartículas de sílica com modificadores inorgânicos

Para sintetizar o sol de sílica, utilizou-se (0,5M) de tetraetilortosilicato (TEOS) como material de partida. A hidrólise do TEOS utilizando (10M) de água foi efectuada sob condições catalisadas por uma base utilizando (0,5M) de amoníaco. O rácio de hidrólise entre a água e o TEOS foi de 2.

As soluções de sílica assim sintetizadas foram mantidas à temperatura ambiente (25°C) durante 20 minutos. Posteriormente, foram modificados com modificadores inorgânicos utilizando sol de alumina, sol de zircónio e sol de titânio com diferentes percentagens (1, 3 e 5) % Vol /Vol, conforme apresentado na Tabela 3.2.

Quadro 3.2: Tipos de modificadores e percentagem

Modifier	Percentage (Vol/Vol)	Amount of modifier (ml)
Alumina sol	1%, 3% and 5%	0.0276, 0.082 and 0.138
Zirconium sol	1%, 3% and 5%	0.0276, 0.082 and 0.138
Titanium sol	1%, 3% and 5%	0.0276, 0.082 and 0.138
Hexamethyl disilazane	1%, 3% and 5%	0.0276, 0.082 and 0.138

As soluções modificadas foram agitadas a 100 rpm durante 1 hora e mantidas à temperatura ambiente durante 24 horas. São secas a 105 °C e trituradas com um almofariz de ágata para produzir nanopartículas de sílica modificadas, como se mostra na equação geral (3.4).

3.5.1.1 Síntese do sol de alumina

$$nSi - OH + MX_m \rightarrow (SiO)_m - M_{m-n} + nHX \tag{3.4}$$

O sol de alumina foi sintetizado utilizando 8,17 g de isopropóxido de alumina dissolvido em 72 ml de água desionizada. A mistura foi aquecida a 80 °C durante 20 minutos e depois foram adicionados 0,126 ml de ácido nítrico [7]. A mistura foi coberta com folha de alumínio e colocada na estufa a 95 °C durante 24 horas para produzir óxido de alumínio. As reacções correspondentes são apresentadas nas equações 3.5 e 3.6 abaixo [31].

$$(RO)_2 - Al - OR + H_2O \leftrightarrow (RO)_2 - Al - O - H + R - OH \tag{3.5}$$

$$(RO)_2 - Al - O - H + R - OH \leftrightarrow (RO)_2 - Al - O - Al\ (RO)_2 + H_2O \tag{3.6}$$

O sol de alumínio produzido, que contém óxido de alumínio, foi adicionado ao sol de sílica com diferentes percentagens 1, 3 e 5 Vol% para produzir nanopartículas de sílica-alumina de acordo com a seguinte reação (equação 3.7).

$$Si - OH + Al_2O_3 \rightarrow \equiv Si - O - Al = +H_2O \tag{3.7}$$

3.5.1.2 Síntese do sol de zircónio

O sol de zircónio foi sintetizado através da mistura de duas soluções. A primeira consiste em EDTA e amoníaco, com uma proporção de NH3 para EDTA de 4:1. As duas soluções foram misturadas [83] e mantidas a 60 °C durante 24 horas para produzir óxido de zircónio como indicado nas equações 3.8 e 3.9 abaixo [84].

$$(RO)_3 - Zr - OR + H_2O \leftrightarrow (RO)_3 - Zr - O - H + R - OH \tag{3.8}$$

$$(RO)_3 - Zr - O - H + R - OH \leftrightarrow (RO)_3 - Zr - O - Zr - (RO)_3 + H_2O \tag{3.9}$$

O sol de zircónio sintetizado, que contém óxido de zircónio, foi utilizado para modificar o sol de sílica com diferentes percentagens de 1, 3 e 5 Vol% para produzir nanopartículas de sílica hidrofóbicas de acordo com a seguinte reação (equação 3.10).

$$Si - OH + Zr_2O_3 \leftrightarrow \equiv Si - O - Zr \equiv +H_2O \qquad (3.10)$$

3.5.1.3 Síntese do sol de titânio

O tetrapropóxido de titânio (30 ml) foi misturado com 100 ml de etanol. A mistura foi agitada durante 30 minutos, seguida de sonicação (30 minutos) e, em seguida, 24 ml de solução destilada de Foi adicionada água à taxa de 1 ml/min com agitação contínua [85]. A mistura foi mantida na estufa a 95 °C durante 24 horas para produzir óxido de titânio, como indicado nas equações 3.11 e 3.12 [84].

$$(RO)_3 - Ti - OR + H_2O \leftrightarrow (RO)_3 - Ti - O - H + R - OH \qquad (3.11)$$

$$(RO)_3 - Ti - O - H + R - OH \leftrightarrow (RO)_3 - Ti - O - Ti - (RO)_3 + H_2O \qquad (3.12)$$

O sol de titânio sintetizado foi adicionado ao sol de sílica com diferentes percentagens de 1, 3 e 5 Vol% para produzir nanopartículas de sílica modificadas, como se mostra na equação 3.13.

$$Si - OH + TiO_2 \rightarrow \equiv Si - O - Ti \equiv +H_2O \qquad (3.13)$$

3.5.2 Modificações de nanopartículas de sílica utilizando um modificador orgânico

Foram sintetizadas três amostras de soluções de sílica com a mesma composição e deixadas em repouso durante 20 minutos. Foram adicionadas às soluções de sílica diferentes percentagens de 1, 3 e 5% de HMDS. As soluções foram agitadas com um agitador magnético a 100 rpm durante uma hora e mantidas à temperatura ambiente durante 24 horas para completar a reação. As soluções foram secas a 105 °C durante 24 horas; o pó foi triturado com um almofariz de ágata para produzir nanopartículas de sílica modificadas.

A elevada reatividade dos organossilicones com os silanóis de superfície de sílica

(SiOH) é muito importante, uma vez que se sabe que os silanos com funções amínicas são muito mais reactivos do que os seus análogos hidrocarbonados. A elevada reatividade do hexametil dissilazano (HMDS) com os silanóis de superfície de sílica é significativa devido à presença de azoto básico [82, 86, 87], como se mostra na equação 3.14.

$$2(\equiv Si - OH) + ((CH_3)_3Si)_2\,NH \rightarrow (2 \equiv (Si - O - Si\,(CH_3)_3) + NH_3 \qquad (3.14)$$

3.6 Caracterização do Sol de Sílica e das Nanopartículas de Sílica Modificada

As nanopartículas de sílica têm sido objeto de extensa investigação. Existem vários relatórios na literatura sobre várias técnicas analíticas utilizadas para caraterizar estas partículas. Os estudos de caraterização ajudam a melhorar a compreensão do processo que afecta e as propriedades finais dos compósitos resultantes.

Os sólidos de sílica sintetizados com diferentes rácios de hidrólise foram caracterizados por diferentes técnicas. O efeito do rácio de hidrólise no tamanho das partículas, na morfologia e na composição dos solues de sílica foi investigado utilizando o Zetasizer (Malvern: ZEN 3600) e o FESEM-EDX (FESEM Zeiss, SUPRA 55VP), respetivamente. A composição das nanopartículas de sílica secas foi então explorada utilizando FTIR. As nanopartículas de sílica modificadas foram caracterizadas utilizando FESEM, TEM, FTIR, XRF, XRD, BET e TGA para investigar o efeito do modificador na morfologia das nanopartículas de sílica, na distribuição das partículas, na composição, na área de superfície e na estabilidade térmica, respetivamente. A Tabela 3.3 apresenta as técnicas utilizadas para caraterizar as nanopartículas de sílica obtidas neste estudo.

3.6.1 Tamanho de partícula das soluções de sílica

O Zetasizer Nano ZS da Malvern é utilizado para medir o tamanho das partículas na gama entre 0,3 nm e 10 microns. O tamanho de partícula dos solues de sílica com diferentes rácios de hidrólise foi medido com o Zetasizer (Malvern, modelo: ZEN 3600). A amostra de sol de sílica (5 ml) foi colocada num recipiente de amostra e vertida no frasco especial para o recipiente de amostra a ser medido. O passo seguinte para a medição será efectuado de acordo com as instruções do manual.

O equipamento Zetasizer utiliza a técnica de dispersão dinâmica da luz (DLS). Esta técnica mede o tamanho da partícula em função do movimento browniano da partícula. O laser vermelho de hélio-neão foi utilizado como fonte de luz com um comprimento de onda de 638,2 nm e o detetor de retrodifusão mede a intensidade da luz dispersa. A taxa de flutuação da intensidade foi utilizada para calcular o tamanho da partícula, utilizando um software que inclui um designer de relatórios, um assistente de procedimentos operacionais padrão (SOP), exportação flexível de dados e base de dados de resultados.

Tabela 3.3: Técnicas utilizadas para caraterizar as nanopartículas de sílica

Purpose	Characterization
Particle size of silica sols	Zetasizer
Identification of modification (qualitative)	FTIR
Identification of modification (quantitative)	XRF
Phase (amorphous, crystals)	XRD
Morphology	FESEM
Particles distribution	TEM
Surface area	BET
Thermal stability	TGA

3.6.1.1 *Morfologia das nanopartículas de sílica*

A microscopia eletrónica de varrimento por emissão de campo (Zeiss, modelo: SUPRA 55VP) permite a caraterização da morfologia da superfície de materiais orgânicos e inorgânicos heterogéneos numa escala de nanómetros (nm) a micrómetros (μm). A principal razão para utilizar o FESEM é a obtenção de uma resolução elevada na gama dos nanómetros [71]. Para além disso, esta técnica é também conhecida por ser uma das técnicas mais comuns de obtenção de imagens da área superficial da amostra. Este sistema também inclui a análise de raios X por dispersão de energia (EDX), que fornece uma análise elementar qualitativa e a localização de elementos nas amostras que estão a ser analisadas.

A morfologia dos solues de sílica e das nanopartículas de sílica modificadas foi analisada utilizando o equipamento FESEM. As amostras de solues de sílica e nanopartículas de sílica modificadas foram preparadas espalhando a amostra na fita de carbono e inseridas no equipamento FESEM para análise. O FESEM foi efectuado utilizando uma tensão de aceleração de 5kV com uma ampliação de 50,00 KX.

3.6.1.2 *Grupos funcionais das nanopartículas de sílica*

A espetroscopia de infravermelhos com transformada de Fourier é a técnica mais comum utilizada para investigar a estrutura do material. As pastilhas de amostra de nanopartículas de sílica em pó foram preparadas misturando (0,3-5 mg) de nanopartículas de sílica em pó com brometo de potássio (KBr, 150 mg), utilizado como material transparente para a IV. Em seguida, a amostra foi prensada num disco rígido e colocada num suporte de transformação para digitalização.

O espetrofotómetro Shimadzu FTIR-8400S com uma resolução de 4 cm^{-1} e uma gama de ondas de 350 a 4500 cm^{-1} foi utilizado para analisar as nanopartículas de sílica. Os espectros resultantes foram comparados com os da literatura para investigar a composição das nanopartículas de sílica.

3.6.1.3 Composições das nanopartículas de sílica

A tecnologia de fluorescência de raios X fornece um dos métodos analíticos mais simples e mais exactos para a determinação da composição elementar dos materiais.

As amostras em pó de nanopartículas de sílica foram caracterizadas utilizando o espetrómetro de raios X PIONEER S4 de 4kW. As nanopartículas de sílica foram colocadas em recipientes cilíndricos de PE com um diâmetro interior de 2 cm, equipados com janelas finas (cerca de 20 pm) de folha de PE para permitir a saída de raios X suaves. Para a excitação, foram utilizados sequencialmente uma fonte de radionuclídeos (241Am) e um tubo de raios X (HVmax: 140 kV; 50 kV à corrente mínima). Para a recolha do espetro, foi utilizado um detetor de CdTe arrefecido por peltierelementos ligado a um sistema de processamento de impulsos em miniatura.

3.6.1.4 Distribuição de partículas de nanopartículas de sílica

A análise por microscopia eletrónica de transmissão foi realizada utilizando o TEM Zeiss, modelo: Libra 200 para observar mais informações sobre o tamanho das nanopartículas de sílica e a dispersão dessas partículas.

A amostra em pó de nanopartículas de sílica foi suspensa em isopropanol e submetida a ultra-sons durante 1 hora. Uma porção da amostra foi então depositada numa grelha de cobre revestida de carbono e a amostra foi colocada na máquina TEM para analisar a forma das partículas, o tamanho das partículas de óxido metálico e para observar a distribuição das nanopartículas de sílica em torno do óxido metálico (Al2O3, ZrO2 e TiO2) e do grupo CH3 em HMDS.

3.6.1.5 Cristalito de nanopartículas de sílica

A difração de raios X (DRX) é uma técnica versátil que revela informações detalhadas sobre a composição química e a estrutura cristalográfica do material. O padrão de difração de raios X de uma substância pura é como uma impressão digital da substância. Este método é ideal para a caraterização e identificação de fases cristalinas. Esta técnica é atractiva porque requer apenas uma pequena quantidade de material, é fácil de executar e é uma técnica não destrutiva.

As análises de XRD foram realizadas usando um instrumento de difratômetro avançado Bruker A & S D8 equipado com uma fonte de radiação CuKα, a 40 kV e 30 mA, com o ângulo de varredura e a velocidade (2θ) de 2-60 ° e 1,2 °/min, respetivamente. A composição das nanopartículas de sílica sintetizadas foi determinada através da difração de raios X. O respetivo pico de XRD das nanopartículas de sílica foi então comparado com as literaturas para identificar a composição de fase das nanopartículas de sílica modificadas.

3.6.1.6 *Área de superfície da nanopartícula de sílica*

A teoria de Brunauer, Emmett e Teller (BET) estabelece uma relação entre a pressão de um gás e o volume da monocamada adsorvida na superfície do material. A área de superfície total, o volume dos poros e o tamanho médio dos poros das nanopartículas de sílica sintetizadas foram determinados utilizando um analisador de área de superfície e de tamanho dos poros (Micromeritics ASAP 2000). Este método baseia-se num princípio de absorção de nitrogénio multiponto [77]. O gás nitrogénio (99,9% de pureza) foi utilizado como adsorvente. A amostra foi desgaseificada por aquecimento a 200 °C sob condições de vácuo durante a noite para remover a humidade ou quaisquer espécies adsorvidas ou impurezas.

O equipamento analisador da área de superfície e do tamanho dos poros é composto por duas partes: a primeira parte é o pré-tratamento, em que a amostra é pré-tratada termicamente com azoto para remover a humidade ou quaisquer outras impurezas. A segunda parte destina-se à análise da amostra.

Tipicamente, 0,15 g de nanopartículas de sílica foram carregadas num tubo de amostra previamente pesado. O tubo de amostra foi colocado no desgaseificador, onde foi desgaseificado durante a noite utilizando N2 a 200 °C. A amostra foi então arrefecida à temperatura ambiente e o tubo de amostra foi novamente enchido com azoto, após o que a amostra foi retirada da porta de desgaseificação. A amostra foi novamente pesada para determinar a massa real da amostra antes de a transferir para a porta de análise. O tubo de amostra foi imerso dentro de um frasco dewar num elevador que está cheio de azoto líquido. Em seguida, toda a informação sobre a amostra foi introduzida no software para configurar o sistema e iniciar a análise. Finalmente, o valor da área de superfície das nanopartículas de sílica e o volume dos poros foram observados de acordo com a equação BET; enquanto o valor da distribuição do tamanho dos poros foi determinado a partir do ramo de dessorção da isotérmica pelo método Barrett-Joyner-Halenda (BJH) [77].

3.6.1.7 Estabilidade térmica das nanopartículas de sílica

A estabilidade térmica é um fator significativo que determina a aplicabilidade de nanopartículas de sílica modificadas para aplicações a altas temperaturas [79]. A estabilidade térmica das nanopartículas de sílica foi investigada utilizando a análise termogravimétrica (TGA) para determinar as alterações de peso antes e depois da modificação da superfície das nanopartículas de sílica. A análise termogravimétrica (TGA) é uma técnica em que as alterações no peso de uma amostra são registadas em função da temperatura, aquecendo a amostra no ar ou numa atmosfera controlada, como o azoto [79, 88-91]. O principal fator que influencia a forma da curva TGA é a taxa de aquecimento; um aumento desta tende a aumentar a temperatura a que ocorre a decomposição da amostra.

A estabilidade térmica das nanopartículas de sílica sintetizadas foi investigada utilizando um analisador termogravimétrico (TGA, Perkin-Elmer, Pyris V-3.81) na gama de temperaturas de 50 - 800 °C, com uma taxa de aquecimento de 10 °C/min (com uma precisão de temperatura superior a 2 °C) e sob uma atmosfera de azoto (fornecida a uma taxa de 20 mL/min). Antes da análise, o instrumento foi calibrado para assegurar uma medição exacta do peso e da temperatura. O forno TGA foi purgado com N2 durante pelo menos 10 minutos para eliminar a humidade do sistema. Cerca de 10 mg da amostra foram colocados num cadinho de alumínio dentro de um forno programável e mantidos durante 1 minuto a 50 $°C$ com purga contínua de N2.

CAPÍTULO 4
MODIFICAÇÃO E CARACTERIZAÇÃO

4.1 Introdução

Este capítulo apresenta o impacto da razão de hidrólise nas propriedades termofísicas dos solues de sílica sintetizados, tais como índice de refração, densidade, viscosidade e tamanho de partícula. O sol com o menor tamanho de partícula foi sujeito a modificação líquida com diferentes percentagens de modificadores inorgânicos (sol de alumina, sol de zircónio e sol de titânio) e modificador orgânico (hexametil dissilazano) para converter a sílica de hidrofílica em hidrofóbica.

As características das nanopartículas de sílica hidrofóbica sintetizadas, tais como morfologia, distribuição de partículas, composição, cristalito, área de superfície e estabilidade térmica, foram determinadas utilizando microscopia eletrónica de varrimento de emissão de campo (FESEM), microscopia eletrónica de transmissão (TEM), infravermelho com transformada de Fourier (FTIR), fluorescência de raios X (XRF), difração de raios X (XRD), isotermas de adsorção de N2 (BET) e análise termogravimétrica (TGA). O efeito dos modificadores inorgânicos e orgânicos com diferentes percentagens na textura e nas características das nanopartículas de sílica hidrofóbicas sintetizadas é discutido nesta secção.

4.1.1 Propriedades termofísicas dos solutos de sílica

As propriedades termofísicas estão relacionadas com o tamanho das partículas, a porosidade, a área de superfície e a morfologia das nanopartículas de sílica. Assim, a medição das propriedades termofísicas indica o tamanho das partículas, a porosidade e a área de superfície das nanopartículas de sílica.

Estas características são essenciais para a síntese de nanopartículas de sílica com pequenas dimensões de partícula, maior porosidade e elevada área de superfície para obter as características de um bom adsorvente adequado para a adsorção de óleo. As propriedades termofísicas, tais como o índice de refração, a densidade e a viscosidade dos sólidos de sílica sintetizados com diferentes rácios de hidrólise, são medidas e comunicadas numa vasta gama de temperaturas à pressão atmosférica.

4.1.1.1 Índice de refração dos solutos de sílica

Os índices de refração dos solutos de sílica com diferentes razões de hidrólise foram medidos à pressão atmosférica na gama de temperaturas de (293 a 333) K e os resultados são apresentados na Figura 4.1. Pode ver-se na figura que o valor do índice de refração dos solutos de sílica com diferentes razões de hidrólise (2, 4, 6, 8 e 10) diminui à medida que a temperatura aumenta. Este facto pode estar relacionado com a expansão do agregado do sol com a temperatura, o que reduz a velocidade da luz. Por outro lado, o índice de refração dos solues de sílica aumenta com o aumento da razão de hidrólise, como se mostra na Figura 4.2. Devido ao aumento do grupo OH⁻ , que substituiu o grupo OR⁻ , resultou na formação de uma estrutura de gel mais fechada e compacta, levando ao crescimento de partículas de sílica, como será discutido na secção 4.2.2.1 e na secção 4.2.2.2. Os dados são apresentados na Tabela A.1 do Apêndice A.

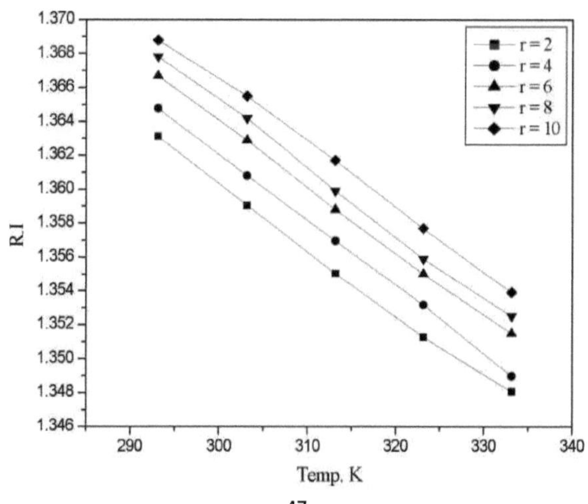

Figura 4-1: Índices de refração dos solutos de sílica a diferentes temperaturas

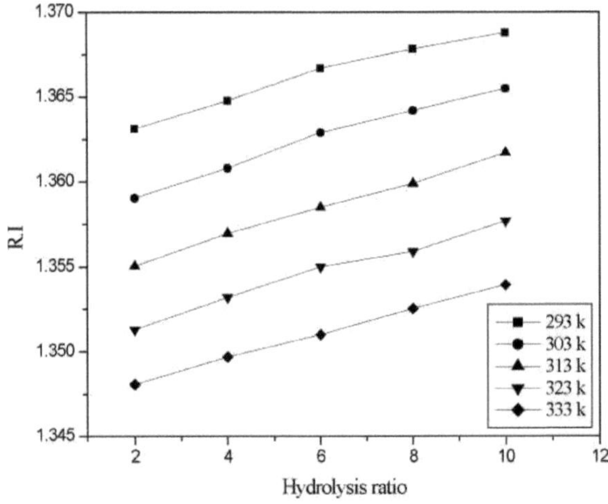

Figura 4-2: Índices de refração de soluções de sílica com diferentes rácios de hidrólise

4.1.1.2 Viscosidade dos solutos de sílica

As viscosidades dos solues de sílica foram medidas em diferentes intervalos de temperatura (293343) K. A partir da Figura 4.3 pode ser visto que a viscosidade do sol diminui com o aumento da temperatura como resultado da estrutura de decomposição da partícula, enquanto a viscosidade do sol aumenta com o aumento da razão de hidrólise de 2 a 10, como mostrado na Figura 4.4, devido ao aumento da densidade do grupo OH⁻ que substitui o grupo OR⁻ fazendo com que o produto ativo cresça (mais formação de ligação Si-O-Si) e faça sol com maior viscosidade.

Mais uma vez, a viscosidade dos solues de sílica aumenta com o aumento do rácio de hidrólise do sol de (2 a 10). Os géis produzidos a partir de soluções com menor teor de água continham mais ligandos alcoxi não reagidos do que os produzidos a partir de soluções com maior teor de água [84]. Isto pode estar relacionado com o facto de, com um teor de água mais baixo, o gel polimérico assumir uma estrutura relativamente linear e aberta com uma viscosidade mais baixa; ao passo que, com uma concentração de água mais elevada, se formam redes poliméricas mais ramificadas, resultando no aumento da viscosidade dos solues. A viscosidade das soluções também diminui com o aumento da temperatura devido à decomposição ou expansão da rede polimérica. Os dados brutos são apresentados na Tabela A.2 do Apêndice A.

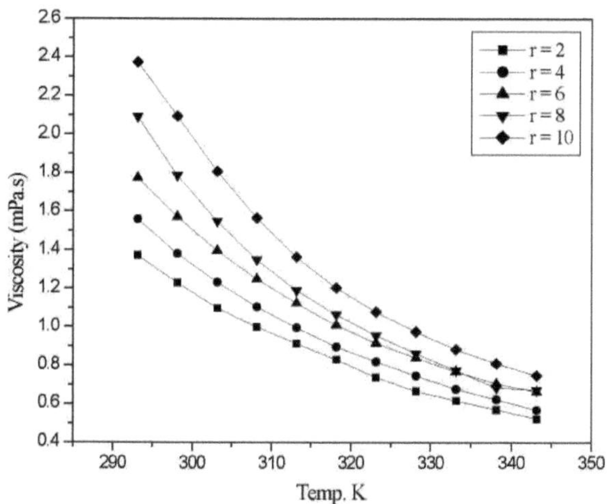

Figura 4-3: Viscosidades dos solutos de sílica a diferentes temperaturas

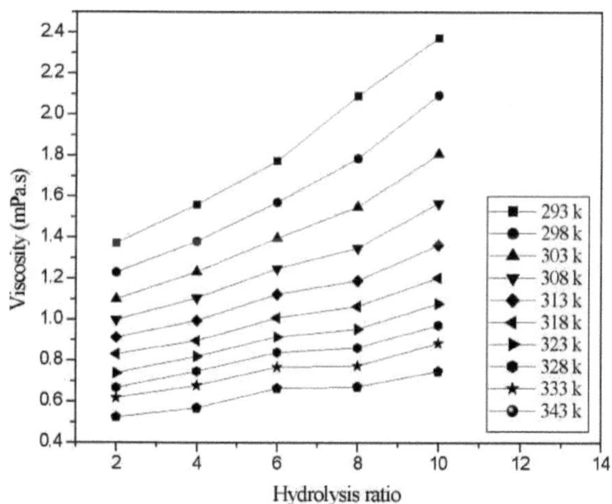

Figura 4-4: Viscosidades das soluções de sílica com diferentes rácios de hidrólise

4.1.1.3 Densidade dos solutos de sílica

O valor da densidade dos solutos diminui com o aumento da temperatura devido à decomposição da estrutura polimérica [92], como mostra a Figura 4.5. As densidades dos solues aumentam à medida que a razão de hidrólise aumenta, o que se deve ao efeito da razão água/TEOS na estrutura do sol, como mostra a Figura 4.6. Geralmente, uma relação água/TEOS mais baixa resulta na formação de uma estrutura polimérica relativamente linear ou aberta, mas uma relação água/TEOS mais elevada desenvolve uma estrutura polimérica ramificada, aumentando assim a densidade dos solues, como será discutido na secção 4.2.2.1 e na secção 4.2.2.2. Os dados experimentais são apresentados na Tabela A.3 do Apêndice A.

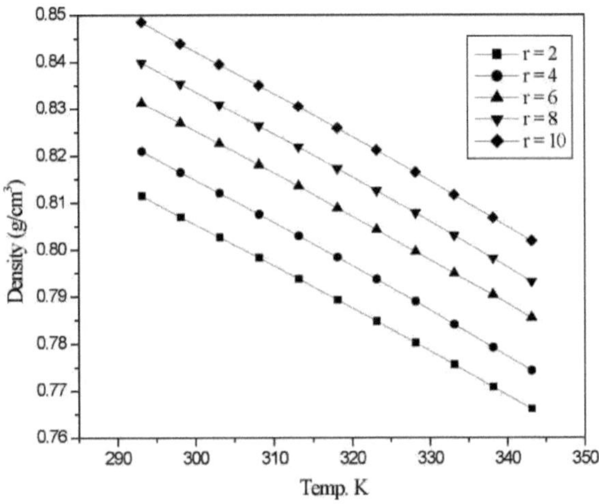

Figura 4-5: Densidades dos solutos de sílica a diferentes temperaturas

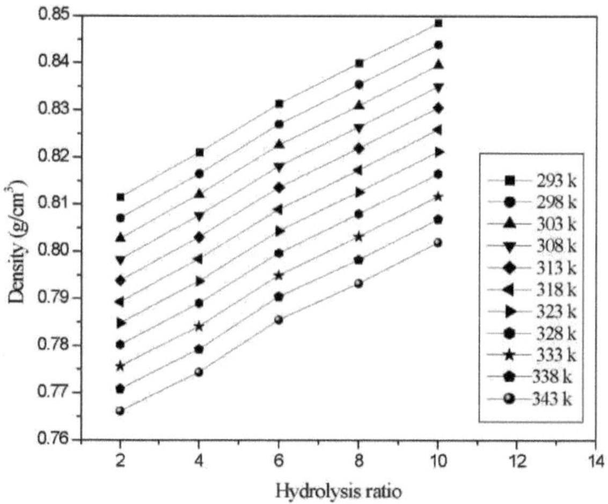

Figura 4-6: Densidades das soluções de sílica com diferentes rácios de hidrólise

4.1.2 Caracterização das soluções de sílica

O processo de sol gel é manipulado por muitos parâmetros, tais como o rácio de hidrólise, a temperatura, o catalisador e o tipo de solvente [3, 4, 35]. O rácio de hidrólise do sol de sílica é essencial para a síntese de nanopartículas de sílica. As propriedades estruturais, o tamanho das partículas e a área de superfície das nanopartículas de sílica sintetizadas são influenciadas pelo rácio de hidrólise. O efeito do rácio de hidrólise nas propriedades de textura, tamanho de partícula e composição estrutural do sol de sílica sintetizado foi investigado utilizando diferentes técnicas. A morfologia, o tamanho das partículas e a composição dos solues sintetizados foram investigados utilizando a microscopia eletrónica de varrimento de emissão de campo (FESEM-EDX), o Zetasizer e o infravermelho com transformada de Fourier (FTIR), respetivamente.

4.1.2.1 *Morfologia das solas de sílica*

A morfologia dos solutos de sílica foi analisada por microscopia eletrónica de varrimento de emissão de campo FESEM-EDX. A Figura 4.8 mostra algumas diferenças na morfologia dos solues de sílica em função do rácio de hidrólise (2 a 10). Consequentemente, a morfologia do sol é rugosa e a densidade de empacotamento das partículas foi claramente baixa para o sol com a razão de hidrólise mais baixa, enquanto a morfologia do sol com a razão de hidrólise mais elevada se tornou mais densa, lisa e monolítica. A razão de hidrólise de água/alcóxido (r) tem um efeito significativo na microestrutura do xerogel de sílica [1]. Quando a razão de hidrólise água/alcóxido é baixa, a condensação do álcool é dominante e o tempo de gelificação é mais longo, levando a materiais mais microporosos. No entanto, quando a razão água/alcóxido é superior a 10, a microestrutura depende apenas ligeiramente do teor de água. A morfologia dos sais de sílica sintetizados com rácio de hidrólise 2, 4, 6, 8 e 10 mostrou diferentes propriedades de textura. Os sais de sílica fabricados com uma razão de hidrólise inferior (r < 4) (sol 1 e sol 2) apresentaram uma microestrutura mais grosseira do que os sais fabricados com uma razão de hidrólise superior (r > 4) sol 3, sol 4 e sol 5, como se mostra na Figura 4.7.

A análise EDX também indica a presença de Si e O elementares na amostra, com uma proporção relativa correspondente às partículas de SiO_2, como se mostra na Figura 4.8. A presença do pico de carbono é devida ao etanol utilizado como dispersante, como se mostra na parte experimental.

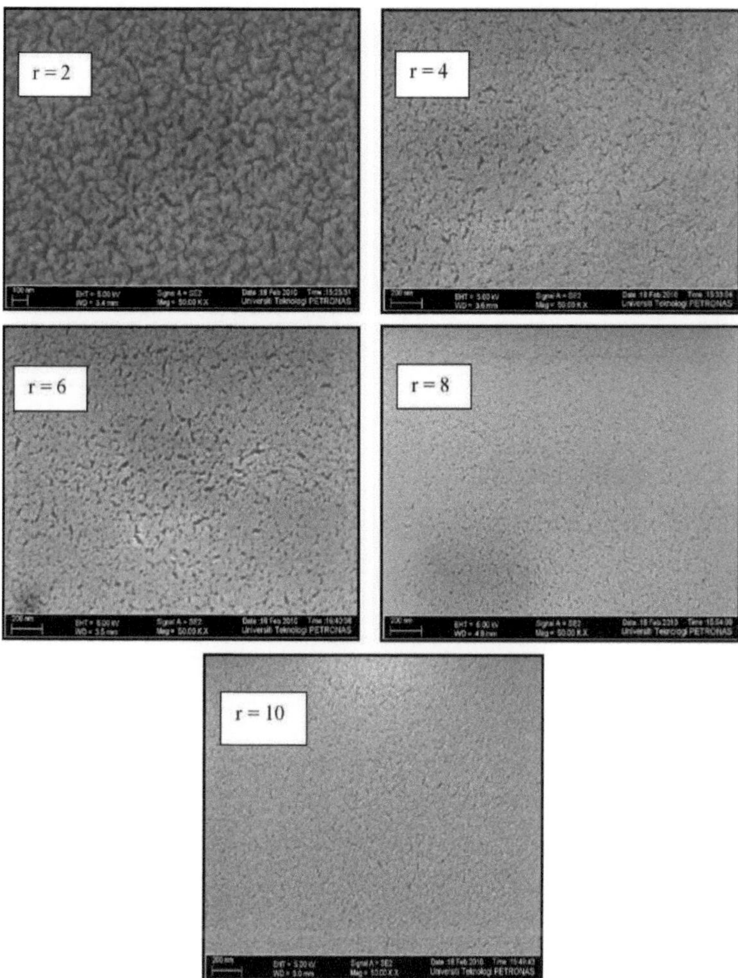

Figura 4-7: Morfologia dos sólidos de sílica sintetizados com diferentes rácios de hidrólise

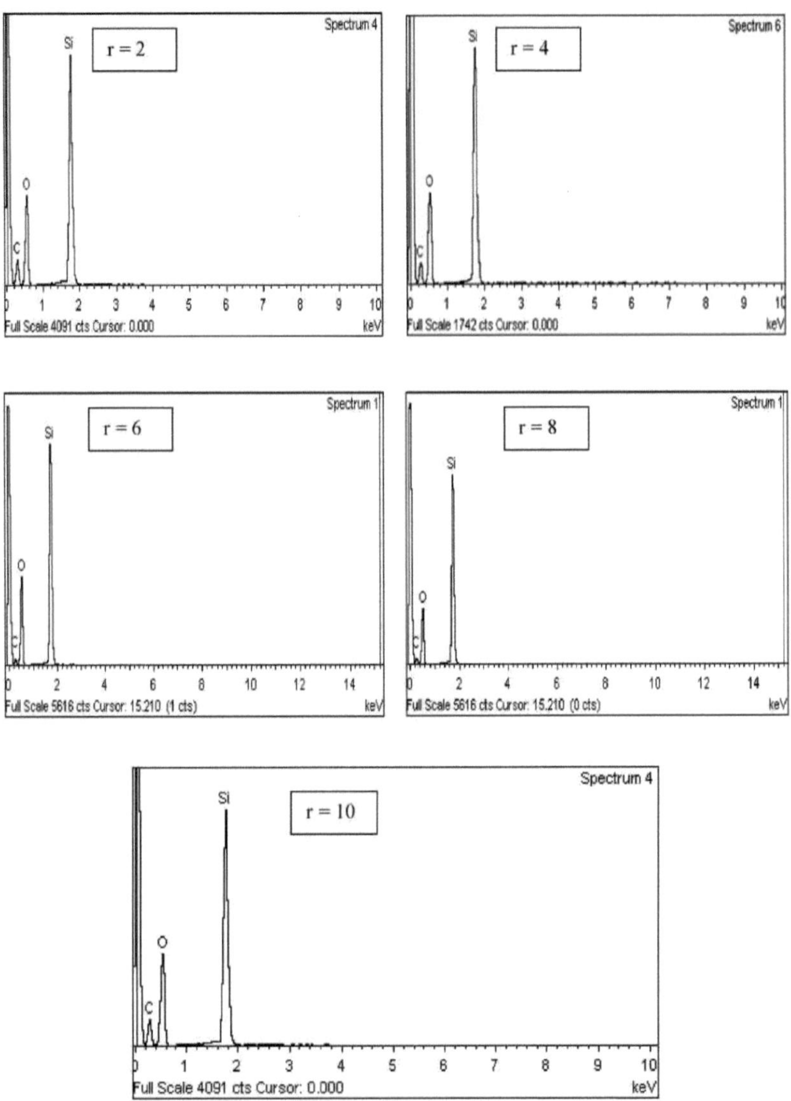

Figura 4-8: EDX dos sólidos de sílica sintetizados com diferentes rácios de hidrólise

4.1.2.2 Tamanho de partícula das soluções de sílica

O tamanho das partículas dos solues de sílica sintetizados foi medido utilizando o Zetasizer, o sol feito a partir do rácio de hidrólise mais baixo (2) tem um tamanho de partícula pequeno (7 nm). O tamanho das partículas dos sólidos de sílica sintetizados aumenta de 7, 10, 30, 70 e 177 nm ao aumentar o rácio de hidrólise de 2, 4, 6, 8 e 10, como se mostra na Figura 4.9. Os solues produzidos com um teor de água mais baixo têm mais ligandos alcoxi que não reagiram do que os soles com um teor de água mais elevado e, por conseguinte, formam estruturas mais lineares semelhantes a cadeias; enquanto que com um teor de água mais elevado, formam-se polímeros mais ramificados, dependendo das condições de preparação [4, 51].

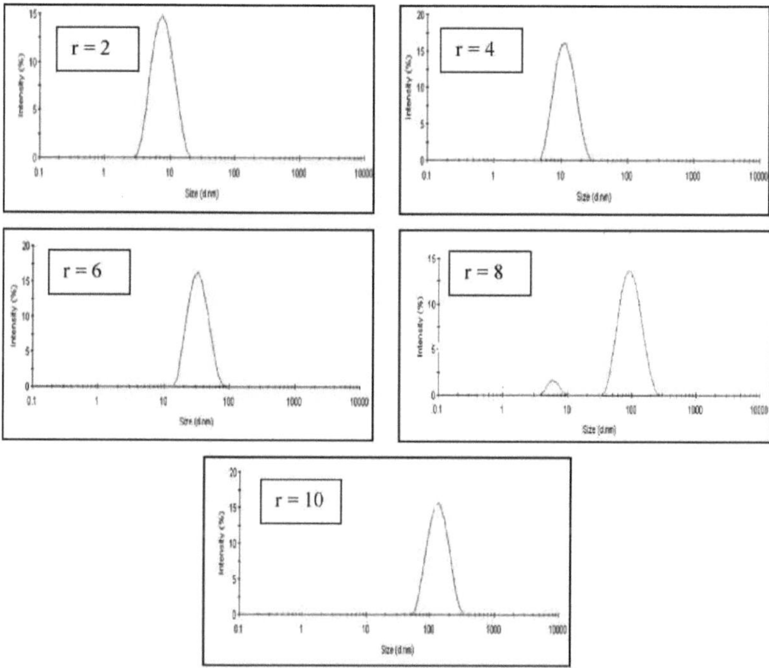

Figura 4-9: Tamanho de partícula dos sólidos de sílica sintetizados com diferentes rácios de hidrólise

4.1.2.3 Grupos funcionais dos solutos de sílica

Os espectros FTIR das nanopartículas de sílica sintetizadas a partir de diferentes soluções de sílica são apresentados na Figura 4.10. Os espectros mostram os modos de vibração de estiramento Si-H de superfície à volta de 800 cm^{-1}. Os picos de adsorção estão presentes a 900 cm^{-1} e 1631 cm^{-1}, o que indica a presença de Si-OH e C-H, respetivamente. A banda a (10901230) cm^{-1} confirma a presença de óxido de silício (Si-O-Si). Uma outra banda aparece a (3250-3700) cm^{-1} indicando a presença de humidade na superfície das nanopartículas de sílica. A Figura 4.10 abaixo confirma a síntese de nanopartículas de sílica hidrofílicas devido à presença de grupos funcionais Si-O-Si e Si-OH, uma vez que os espectros FTIR das nanopartículas de sílica sintetizadas são semelhantes aos espectros FTIR de sílica já registados [93-96].

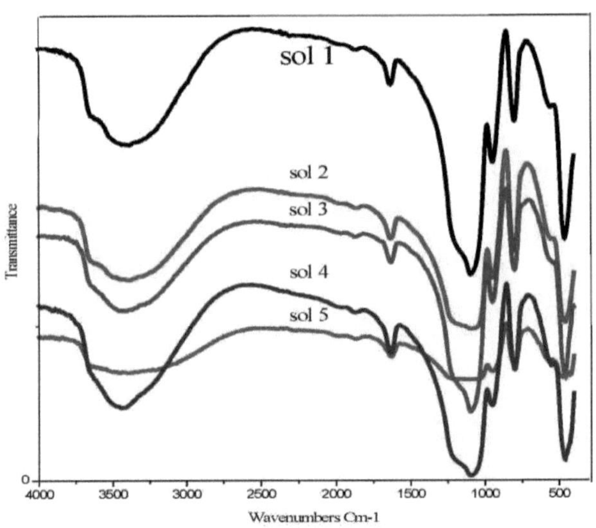

Figura 4-10: FTIR dos sólidos de sílica sintetizados com diferentes rácios de hidrólise

4.2 Síntese do Sol de Sílica Resumo

As propriedades termofísicas dos solues de sílica sintetizados revelaram que o rácio de hidrólise tem um grande efeito nas propriedades do sol de sílica. O sol de sílica com o rácio de hidrólise mais baixo apresentou baixa densidade, viscosidade e índice de refração, indicando a dependência das propriedades do sol de sílica do rácio de hidrólise. A baixa densidade e viscosidade mostraram a previsão de um pequeno tamanho de partícula do sol, enquanto o índice de refração mais baixo mostrou uma maior porosidade dos solues de sílica sintetizados. A caraterização dos sólidos de sílica sintetizados com diferentes rácios de hidrólise utilizando FESEM ilustrou uma morfologia rugosa com baixa densidade de empacotamento do sólido de sílica com o rácio de hidrólise mais baixo (r = 2) entre os outros sólidos. As análises EDX e FTIR confirmaram a estrutura química das nanopartículas de sílica sintetizadas devido à presença de grupos funcionais Si-O-Si. O sol com o tamanho de partícula mais pequeno, 7 nm (razão de hidrólise 2), foi escolhido para ser o sol de sílica básico para a síntese de nanopartículas de sílica modificadas.

4.3 Modificação de nanopartículas de sílica

Os solues de sílica foram sintetizados com um rácio de hidrólise de 2, utilizando TEOS como material de partida e amoníaco como catalisador. Embora as nanopartículas de sílica sintetizadas através do processo sol-gel tenham uma elevada área superficial e estabilidade química e térmica, a presença de um grupo hidroxilo à superfície limita a sua aplicação como material adsorvente de petróleo para a remediação de derrames de petróleo [97, 98]. As partículas de sílica amorfa são constituídas por um empacotamento aleatório de $[SiO_4]^{4-}$ formando uma estrutura não periódica com a fórmula molecular geral SiO_2 [99, 100]. A estrutura bulk termina à superfície de duas formas diferentes; oxigénio à superfície através de grupos siloxano Si -O-Si≡ ou três formas diferentes de grupos silanol ≡Si-OH. Devido à presença deste grupo hidroxilo, as nanopartículas de sílica adsorvem a humidade e a água da atmosfera [101].

A modificação química da superfície da sílica permite combinar as propriedades estruturais das partículas de sílica pura com a capacidade de interação química e física específica [102]. Os óxidos metálicos e os silanos organo-funcionais são utilizados para modificar a superfície da sílica, devido à sua capacidade de atuar como agentes modificadores através da substituição dos grupos hidroxilo (-OH) por grupos metálicos ou organo-funcionais [103].

Os produtos minerais são os materiais mais populares, utilizados como adsorventes para derrames de hidrocarbonetos [104, 105]. Os materiais absorventes hidrofóbicos têm sido considerados e utilizados na limpeza de derrames de hidrocarbonetos. A vantagem de converter os materiais de hidrofílicos em hidrofóbicos é aumentar a capacidade do material para adsorver o óleo do ambiente óleo - água. O segmento hidrofílico também adsorverá óleo, mas ficará desativado com a co-adsorção de água. Por conseguinte, neste estudo, foram sintetizadas nanopartículas de sílica e modificadas com modificadores inorgânicos e orgânicos para as converter de materiais hidrofílicos em materiais hidrofóbicos, com vista à sua aplicação como materiais adsorventes de óleo.

Diferentes nanomateriais, tais como nanopartículas metálicas e nanopartículas magnéticas, foram sintetizados e modificados utilizando diferentes métodos [84]. As principais desvantagens destes métodos, que afectaram as propriedades da sílica modificada, são: diminuição da carga metálica, o que, por sua vez, provoca uma perda de eficiência do processo de modificação [62], distribuição irregular das partículas metálicas, bem como a ampla distribuição dos tamanhos das nanopartículas, dependendo da impregnação do sal metálico na matriz de sílica. Estes tipos de modificação influenciaram a área de superfície, o tamanho e a forma da sílica sintetizada. Além disso, as condições de síntese consomem muito calor, uma vez que estes métodos dependem do processo de calcinação, o que leva à aglomeração e agregação de partículas para produzir nanopartículas de sílica. O processo Sol gel, com as suas vantagens, tais como a baixa temperatura de processamento, a criação de gradientes de composição de superfície controlados e a obtenção de propriedades físicas únicas através da combinação de materiais inorgânicos e orgânicos, introduziu a funcionalidade sem afetar o tamanho e a forma da sílica.

Neste estudo, as nanopartículas de sílica foram sintetizadas e modificadas utilizando a modificação líquida (sol a sol). Os solues de sílica foram sintetizados e modificados com modificadores inorgânicos e orgânicos de modo a converter as nanopartículas de sílica de hidrofílicas em hidrofóbicas, o que foi discutido na secção 4.4.1. Estes solues foram modificados com 1, 3 e 5% de modificadores inorgânicos (sol de alumínio, sol de zircónio e sol de titânio) e modificadores orgânicos (hexametil dissilazano), como se mostra na Figura 4.11. As estruturas da sílica pura sintetizada e da sílica modificada utilizando o software ChemSketch são apresentadas na Figura 4.12.

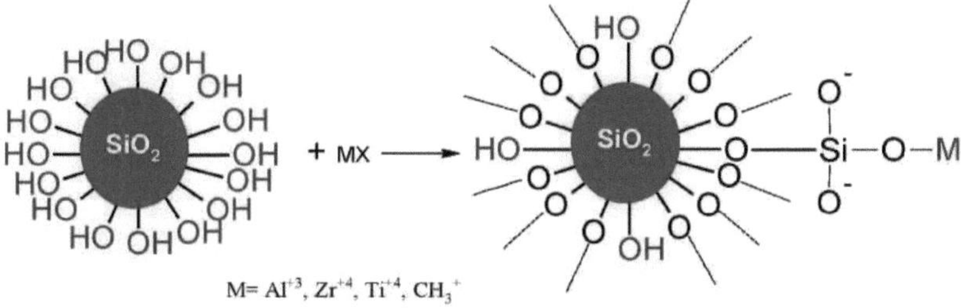

Figura 4-11: Modificação de nanopartículas de sílica

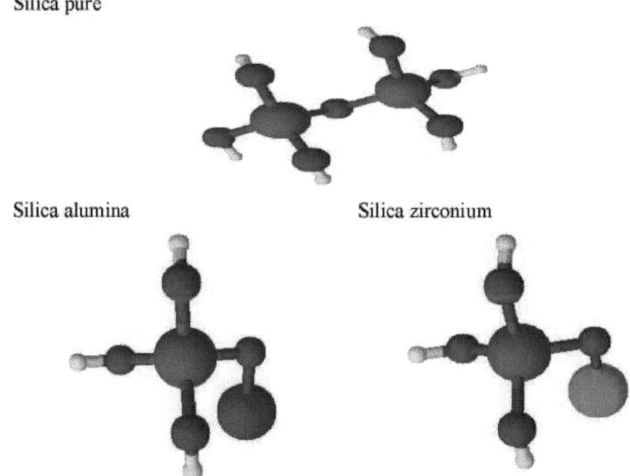

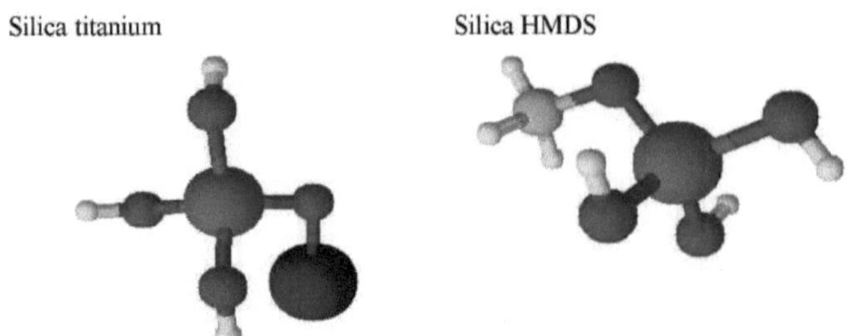

Figura 4-12: Estrutura das nanopartículas de sílica pura e modificada

(Si (●), O (●), H (●), Al (●), Zr (●), Ti (●), C (●))

4.3.1 Hidrofobicidade das nanopartículas de sílica

A secagem da sílica envolve a reação de esterificação entre os grupos OH na superfície da sílica e o etanol. Este fenómeno resulta na formação de grupos alcoxissilano que são responsáveis pela propriedade de hidrofilicidade da sílica [106, 107]. As nanopartículas de sílica pura e modificada sintetizadas foram testadas quanto à sua hidrofobicidade, expondo-as a uma atmosfera de ar saturado a 25°C e medindo a adsorção de água por aumento de peso [101]. A Figura 4.13, a Figura 4.14, a Figura 4.15 e a Figura 4.16 mostram os resultados da sílica pura em comparação com a sílica modificada com diferentes percentagens de alumina, zircónio, titânio e HMDS, respetivamente. A sílica pura sintetizada registou um aumento de peso de 8% durante um período de 60 dias. Por outro lado, a sílica modificada com 1 % a 5 % de modificador apresentou um aumento de peso de 5 % a 1 % durante todo o período, dependendo do tipo e da percentagem de modificador. A baixa percentagem de ganho de peso das nanopartículas de sílica modificada em comparação com as nanopartículas de sílica pura ilustrou os critérios de hidrofobicidade das nanopartículas de sílica modificada.

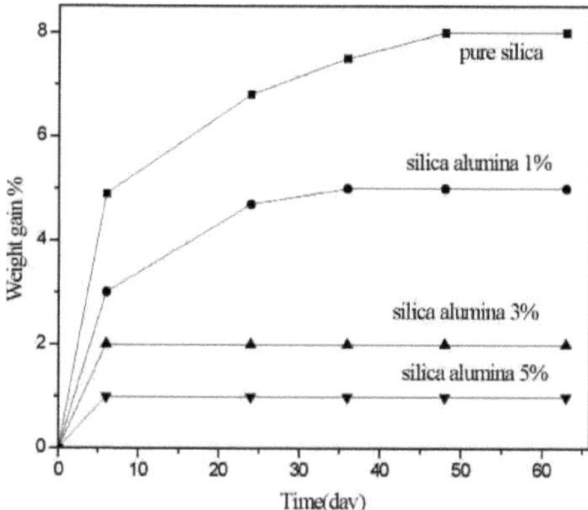

Figura 4-13: Hidrofobicidade das nanopartículas de sílica-alumina pura e modificada

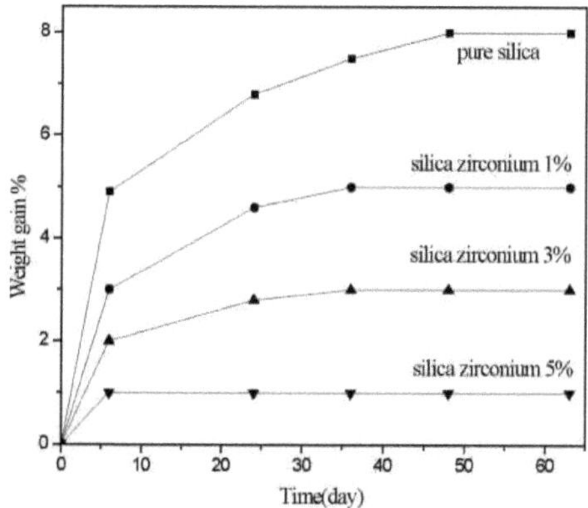

Figura 4-14: Hidrofobicidade das nanopartículas de sílica-zircónio puras e modificadas

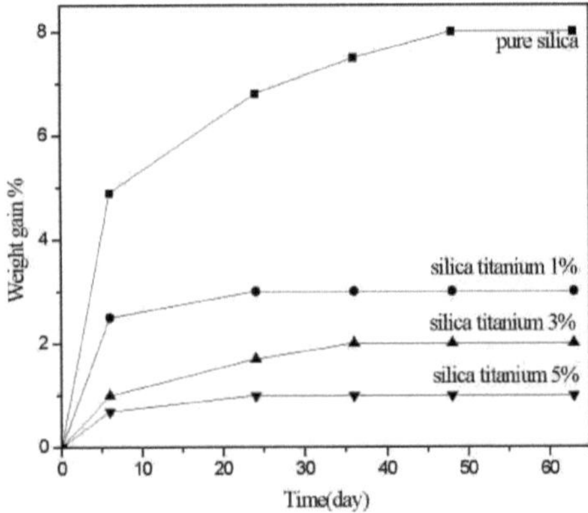

Figura 4-15: Hidrofobicidade das nanopartículas de sílica-titânio puras e modificadas

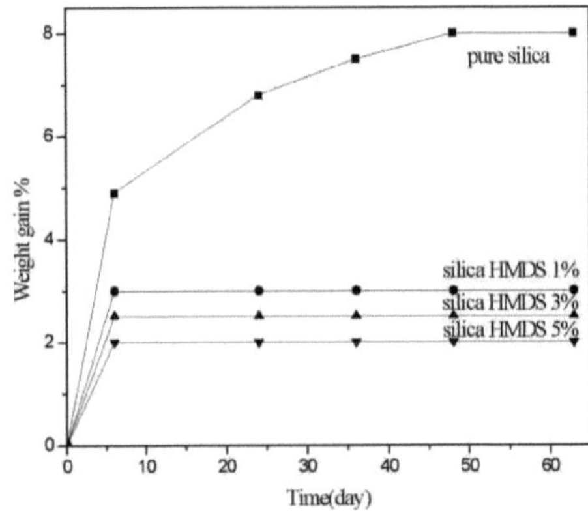

Figura 4-16: Hidrofobicidade das nanopartículas de HMDS de sílica pura e modificada

4.4 Caracterização de nanopartículas de sílica modificadas

As propriedades de textura e as características das nanopartículas de sílica sintetizadas que melhoram a sua aplicação como material sorvente de óleo, tais como amorfo, hidrofóbico, porosidade e área de superfície, foram investigadas utilizando diferentes técnicas de caraterização. As características das nanopartículas de sílica sintetizadas incluem: a morfologia da superfície e a distribuição das partículas de nanopartículas foram observadas utilizando a microscopia eletrónica de varrimento de emissão de campo e a microscopia eletrónica de transmissão, respetivamente. As propriedades estruturais foram determinadas através da medição da adsorção física de N2. A difração de raios X, a fluorescência de raios X e o infravermelho com transformada de Fourier foram utilizados para determinar o cristalito e a composição das nanopartículas de sílica modificadas.

4.4.1 Morfologia das nanopartículas de sílica modificadas

A microscopia eletrónica de varrimento por emissão de campo (FESEM) é o método mais utilizado para examinar a morfologia e a microestrutura dos materiais. A morfologia da sílica pura e das nanopartículas de sílica modificadas sintetizadas pelo processo sol-gel foi investigada utilizando a análise FESEM.

4.4.1.1 Morfologia das nanopartículas de sílica-alumina

A morfologia típica da sílica pura e da sílica modificada com (1, 3 e 5%) de alumina foi investigada utilizando o FESEM com uma ampliação de 5000 KX, como se mostra na Figura 4.17. O FESEM da sílica pura mostrou que as nanopartículas de sílica têm um tamanho pequeno e uma baixa densidade de empacotamento. As partículas estão bem dispersas e possuem uma superfície lisa com uma distribuição uniforme das partículas. Por outro lado, a sílica modificada com 1%, 3% e 5% de alumina mostrou a presença de partículas esféricas maiores, o que ilustra a presença de partículas de alumina. A densidade de empacotamento da sílica com 1% de alumina foi baixa, mas aumentou com o aumento da percentagem de alumina para 3 e 5%. Ao aumentar a percentagem de alumina, a morfologia torna-se mais densa com a agregação e aglomeração de nanopartículas de sílica em torno das partículas de alumina.

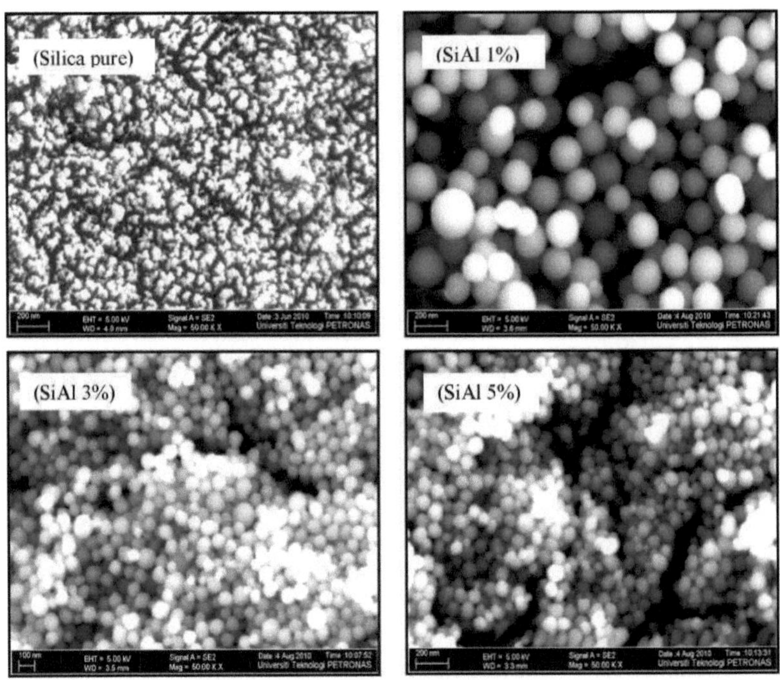

Figura 4-17: FESEM de sílica pura e sílica-alumina 1%, 3% e 5%

4.4.1.2 Morfologia das nanopartículas de sílica e zircónio

A morfologia da sílica modificada com (1, 3 e 5%) de zircónio foi estudada utilizando o FESEM com uma ampliação de 5000 KX, como se mostra na Figura 4.18. O FESEM da sílica pura mostrou que as nanopartículas de sílica têm um tamanho pequeno e uma baixa densidade de empacotamento. As partículas estão bem dispersas e possuem uma superfície lisa com uma distribuição uniforme das partículas. Para a sílica modificada com 1% de zircónio, a morfologia parece ser mais densa em comparação com a sílica pura. Com o aumento da percentagem de zircónio para 3 e 5%, a morfologia torna-se mais densa e há aglomeração de partículas a 5% de zircónio.

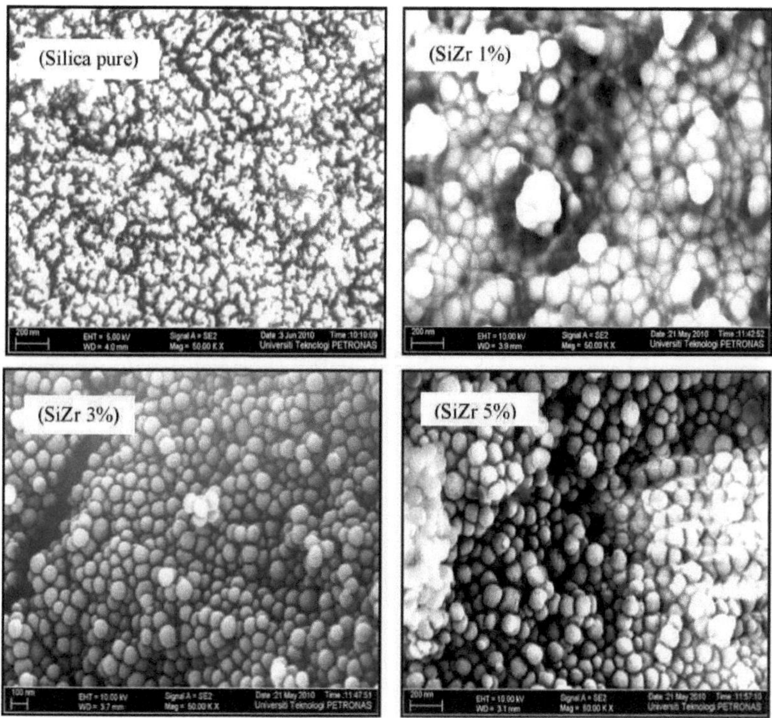

Figura 4-18: FESEM de sílica pura e sílica-zircónio 1%, 3% e 5%

4.4.1.3 Morfologia das nanopartículas de sílica e titânio

Os resultados do FESEM para a sílica modificada com (1, 3 e 5%) de titânio com uma ampliação de 5000 KX são apresentados na Figura 4.19. O FESEM da sílica pura mostrou que as nanopartículas de sílica têm um tamanho pequeno e uma baixa densidade de empacotamento. As partículas estão bem dispersas e possuem uma superfície lisa com uma distribuição uniforme das partículas. A morfologia da sílica modificada com 1% de titânio é densa em comparação com a sílica pura. Enquanto a sílica modificada com 3% de titânio tem uma distribuição uniforme de partículas esféricas e existe aglomeração de partículas. No entanto, para a sílica modificada com 5% de titânio há aglomerações consideráveis das partículas ao longo do limite do grão, resultando na formação de partículas secundárias.

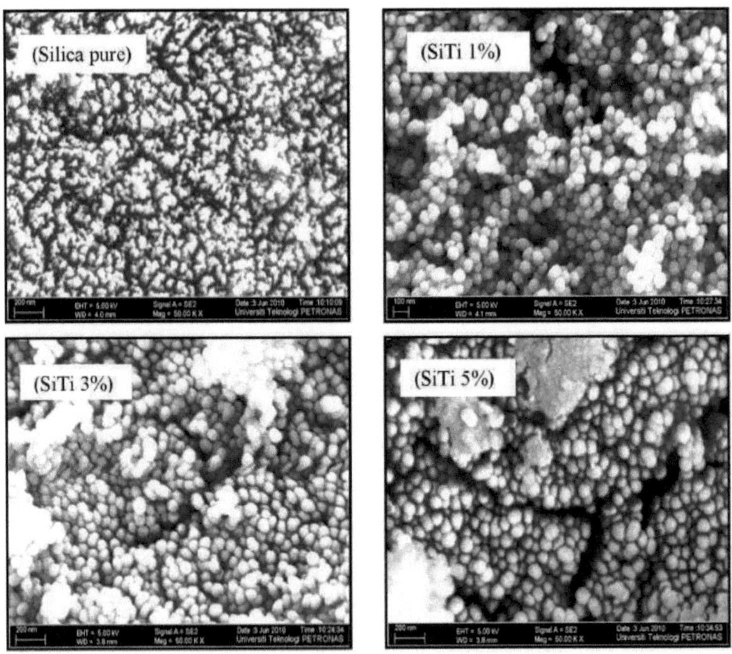

Figura 4-19: FESEM de sílica pura e sílica-titânio 1%, 3% e 5%

4.4.1.4 Morfologia das nanopartículas de sílica HMDS

A morfologia da sílica modificada com diferentes percentagens de HMDS foi investigada utilizando o FESEM com uma ampliação de 5000 KX. O FESEM da sílica pura mostrou que as nanopartículas de sílica têm um tamanho pequeno e uma baixa densidade de empacotamento. As partículas estão bem dispersas e possuem uma superfície lisa com uma distribuição uniforme das partículas. Os resultados são apresentados na Figura 4.20. A morfologia da sílica modificada com 1% de HMDS ilustra partículas esféricas com baixa densidade de empacotamento em comparação com 3 e 5% de HMDS. Enquanto que para a sílica modificada com 3 e 5 % a morfologia torna-se mais densa e pequenas partículas de sílica cobrem a superfície.

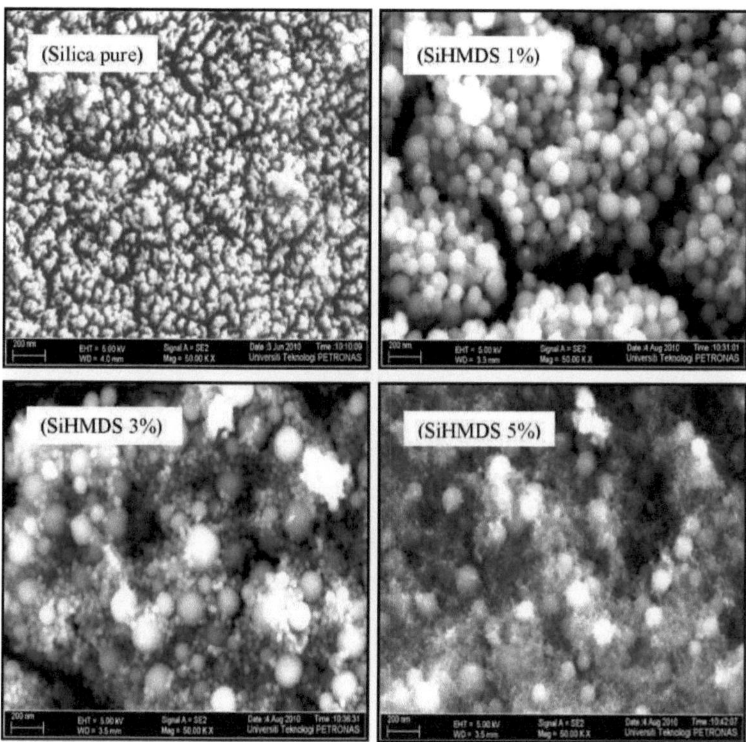

Figura 4-20: FESEM de sílica pura e sílica HMDS 1%, 3% e 5%

4.4.2 Distribuição de partículas de nanopartículas de sílica

A influência das condições de síntese nas propriedades texturais e na morfologia da sílica coloidal preparada pela técnica sol-gel é bem demonstrada por medições de microscopia eletrónica de transmissão TEM [96]. O grau de dispersão é um dos parâmetros mais críticos para determinar se os nanocompósitos são processados com sucesso e é frequentemente avaliado por microscopia eletrónica de transmissão TEM [108].

4.4.2.1 Distribuição de partículas de nanopartículas de sílica-alumina

As micrografias TEM da sílica pura e da sílica modificada com diferentes percentagens de alumina são apresentadas na Figura 4.21. O TEM das nanopartículas de sílica pura ilustrou partículas esféricas com tamanho de partícula de 27 nm a 35 nm. Para as nanopartículas de sílica modificadas com 1, 3 e 5% de alumina, a distribuição das partículas é diferente consoante a percentagem de alumina adicionada à sílica. A micrografia da sílica modificada com 1% de alumina mostrou uma pequena quantidade de nanopartículas de sílica com 12 nm a 13 nm aglomeradas em torno das partículas esféricas maiores de alumina com 152 nm a 161 nm que cobrem a superfície. Por outro lado, as nanopartículas de sílica modificadas com 3% de alumina mostraram pequenas nanopartículas de sílica com tamanho de partícula de 13 nm que se aglomeram e cobrem a superfície das partículas de alumina. As nanopartículas de sílica modificadas com 5% de alumina mostraram nanopartículas de sílica com tamanho de partícula de 20 nm a 21 nm aglomeradas em torno de alumina com tamanho de partícula de 182 nm a 150 nm. No caso da sílica-alumina, as nanopartículas de sílica a 5% agregam-se e apresentam uma estrutura ramificada e uma menor aglomeração em torno da alumina.

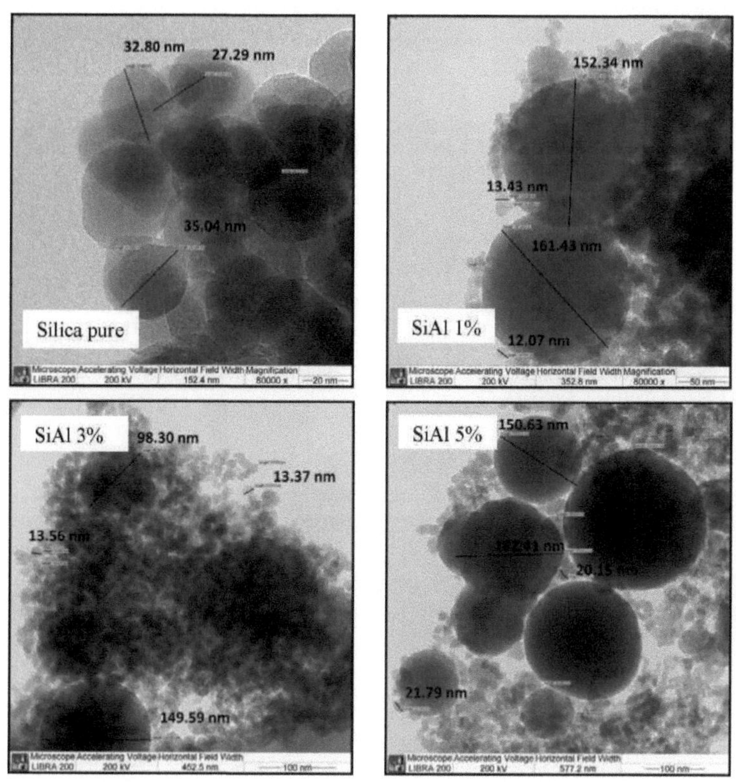

Figura 4-21: TEM de sílica pura e sílica-alumina 1%, 3% e 5%

4.4.2.2 Distribuição de partículas de nanopartículas de sílica e zircónio

O TEM de nanopartículas de sílica pura ilustrou partículas esféricas com tamanho de partícula de 27 nm a 35 nm. A micrografia eletrónica das nanopartículas de sílica modificadas com diferentes percentagens de zircónio (Figura 4.22) ilustrou uma distribuição diferente das partículas de sílica em torno das partículas de zircónio. Para a sílica modificada com 1% de zircónio, as nanopartículas de sílica com tamanho de partícula de 10 nm a 16 nm mostraram menor aglomeração em torno de partículas esféricas maiores de zircónio com 64 nm a 69 nm. Com o aumento da percentagem de zircónio para 3 e 5%, as pequenas nanopartículas de sílica com tamanho de 15 nm a 16 nm agregam-se e aglomeram-se em torno de zircónio com tamanho de partícula de 71 nm a 97 nm.

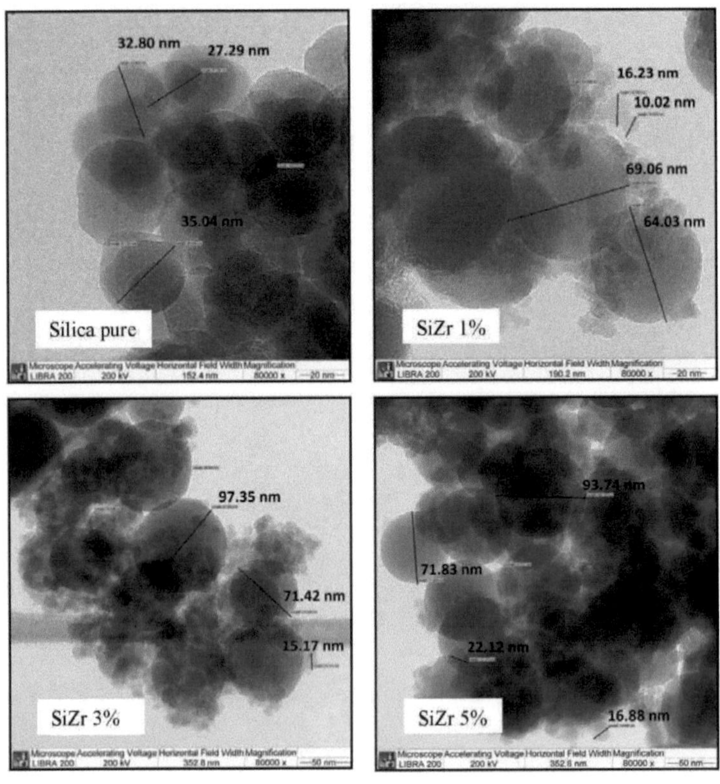

Figura 4-22: TEM da sílica pura e da sílica com zircónio a 1%, 3% e 5%

4.4.2.3 Distribuição de partículas de nanopartículas de sílica e titânio

A distribuição das partículas das nanopartículas de sílica e titânio sintetizadas foi observada utilizando o TEM. As micrografias TEM das nanopartículas de sílica pura ilustraram partículas esféricas com tamanho de partícula de 27 nm a 35 nm, como se mostra na Figura 4.23. O TEM da sílica-titânio a 1% demonstrou nanopartículas de sílica com 31 nm a 33 nm aglomeradas em torno do titânio com tamanho de partícula esférico de 54 nm a 73 nm. No entanto, a sílica-titânio a 3% mostrou nanopartículas de sílica com 36 nm a 37 nm aglomeradas em torno do titânio com 75 nm a 113 nm. Em contraste, a sílica modificada com 5% de titânio ilustrou uma maior aglomeração de pequenas nanopartículas de sílica (27 nm) em torno de partículas de titânio (63 nm a 81 nm). Obviamente, a micrografia TEM da sílica-titânio mostrou uma maior aglomeração em comparação com a TEM da sílica-alumina e da sílica-zircónio, o que afectou a morfologia das nanopartículas de sílica-titânio. As aglomerações de partículas têm um grande efeito na morfologia e na área de superfície das nanopartículas de sílica sintetizadas.

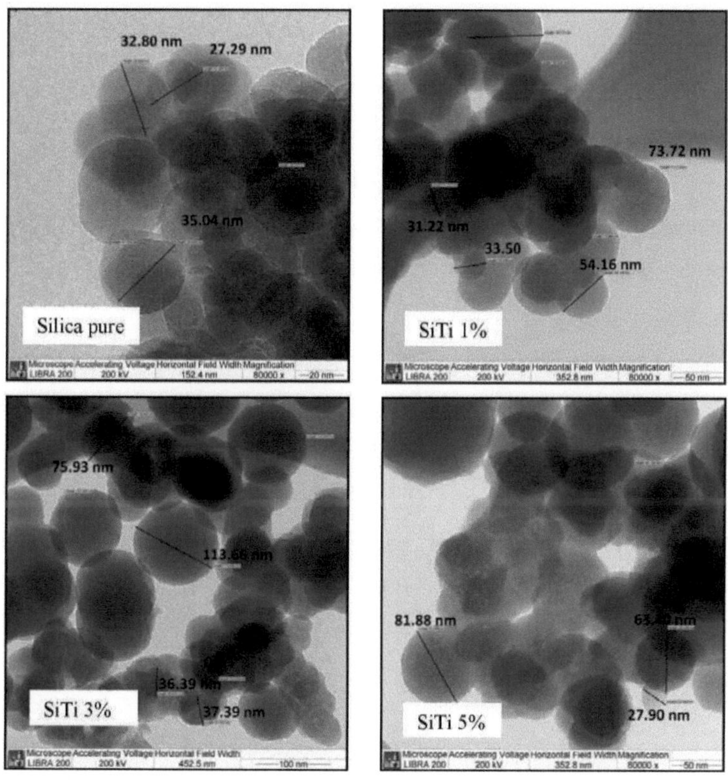

Figura 4-23: TEM de sílica pura e sílica-titânio 1%, 3% e 5%

4.4.2.4 Distribuição de partículas de nanopartículas de sílica HMDS

A imagem TEM das nanopartículas de sílica modificadas com hexametil dissilazano é apresentada na Figura 4.24. A micrografia TEM das nanopartículas de sílica pura ilustrou partículas esféricas com tamanho de partícula de 27 nm a 35 nm. A sílica HMDS 1% demonstrou a dispersão das pequenas partículas de sílica de 28 nm a 32 nm em torno de grupos CH3 com tamanho de partícula de 64 nm a 85 nm. No entanto, a sílica HMDS 3% mostrou uma distribuição de partículas de sílica de 38 nm em torno de CH3 de 82 nm. A sílica modificada com 5% de HMDS apresentou uma distribuição de partículas de sílica de 25 nm a 40 nm na superfície, mostrando uma superfície rugosa, o que é atribuído à maior área de superfície desta amostra (secção 4.5.6). De um modo geral, as nanopartículas de sílica modificadas com 5% de HMDS estão bem distribuídas com menos aglomeração. A distribuição das nanopartículas de sílica é atribuída ao facto de as partículas de sílica possuírem alguns caracteres organofílicos após o tratamento com hexametil dissilazano, em que os grupos OH da superfície se convertem em grupos [-(CH3)3], o que resulta na segregação das partículas, tal como citado por Ibrahim [109].

4.4.3 Grupos funcionais

A espetroscopia de infravermelho com transformada de Fourier é a técnica mais comum utilizada para investigar a estrutura química dos materiais através dos grupos funcionais. A espetroscopia de infravermelhos com transformada de Fourier (FTIR) é amplamente utilizada para comprovar a formação de nanopartículas de sílica, especialmente para as preparadas pela reação sol-gel, em cujo processo pode ser formada uma rede de sílica.

Os espectros de FTIR das nanopartículas de sílica pura sintetizadas mostram a vibração de estiramento Si-H de superfície a 800 cm^{-1} . O pico de adsorção presente a 900 cm^{-1} e 1631 cm^{-1} indica a presença de Si-OH e C-H, respetivamente. A banda a

1090-1230 cm⁻¹ confirma a presença de óxido de silício (Si-O-Si), outra banda aparece a 32503700 cm⁻¹ indica a humidade na superfície das nanopartículas de sílica. O FTIR obtido para as nanopartículas de sílica sintetizadas está de acordo com as observações anteriores para materiais de sílica [93-96]. Os dados FTIR da sílica pura e das nanopartículas de sílica modificadas são apresentados na Tabela B.1 do Apêndice B.

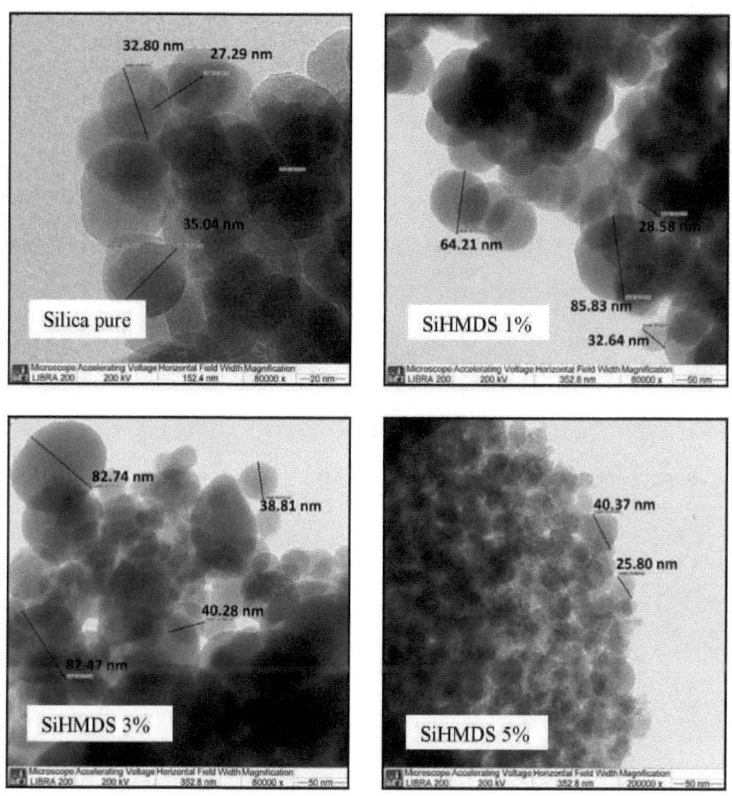

Figura 4-24: TEM de sílica pura e sílica HMDS 1%, 3% e 5%

4.4.3.1 Estrutura das nanopartículas de sílica-alumina

Os resultados do FTIR da sílica modificada com diferentes percentagens de sol de alumina na Figura 4.25 ilustram uma pequena banda a 980 cm⁻¹ que indica a ligação Si-O-Al quando comparada com o FTIR da nanopartícula de sílica recentemente preparada. A intensidade da banda de vibração para C-H a 1631 cm⁻¹ . A banda a 1050-1230 cm⁻¹ indica a presença de óxido de silício (Si-O-Si). Outra banda a 3000-3500 cm⁻¹ é devida à presença de humidade na superfície das nanopartículas de sílica-alumina. Os resultados do FTIR para as nanopartículas de sílica-alumina sintetizadas estão de acordo com as observações anteriores da literatura [95, 110].

4.4.3.2 Estrutura das nanopartículas de sílica e zircónio

Os espectros FTIR da sílica modificada com 1%, 3% e 5% de sol de zircónio são apresentados na Figura 4.26. A banda que ocorre a 1635 cm⁻¹ é devida à vibração de estiramento C-H. Os picos principais a 480-800 cm⁻¹ e 1000-1250 cm⁻¹ podem ser atribuídos a ligações Zr-O e Si-O-Si, respetivamente. O espetro da sílica de zircónio modificada nesta figura mostra bandas a 971 cm⁻¹ devido à ligação Si-O-Zr, confirmando a substituição de Si-OH por Si-O-Zr. O FTIR obtido está de acordo com o FTIR relatado para a sílica e o zircónio [111].

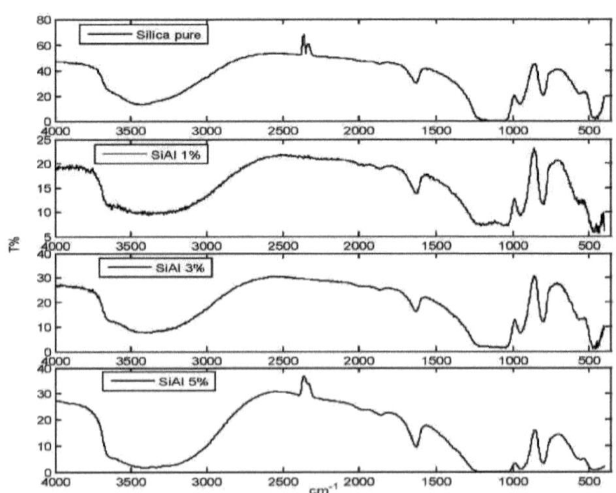

Figura 4-25: FTIR para sílica pura e sílica-alumina 1%, 3% e 5%

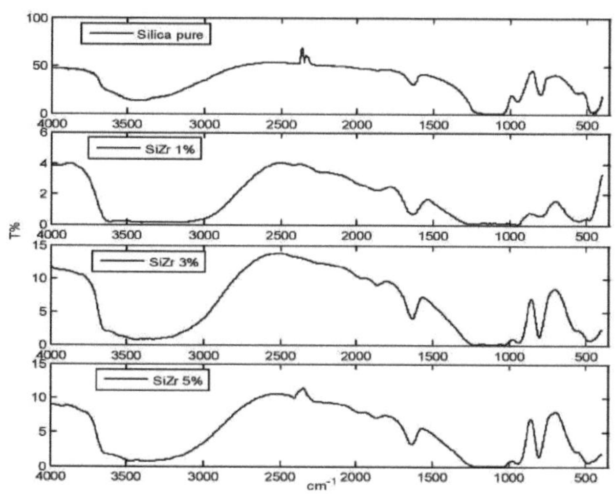

Figura 4-26: FTIR para sílica pura e sílica-zircónio 1%, 3% e 5%

4.4.3.3 Estrutura das nanopartículas de sílica e titânio

Os espectros FTIR das nanopartículas de sílica modificadas com diferentes percentagens de titânio são apresentados na Figura 4.27. Em comparação com os três espectros, observou-se um pico de adsorção de Ti- O, Si- O e Ti- O -Si a 800-900, 1000-1200 e 950 cm^{-1} , respetivamente. O aumento gradual e monotónico da absorvância a 950 cm^{-1} foi acompanhado por uma diminuição da intensidade da ressonância a 971 cm^{-1} com a percentagem de titânio, indicando claramente a substituição de Si-OH por Si-O-Ti. A análise FTIR da sílica modificada com diferentes percentagens de titânio mostra uma acentuação das bandas de vibração Si-O-Si e Si-O-Ti que são acompanhadas por um desaparecimento da banda de silanol das partículas. Os resultados estão de acordo com os resultados de FTIR da literatura [112].

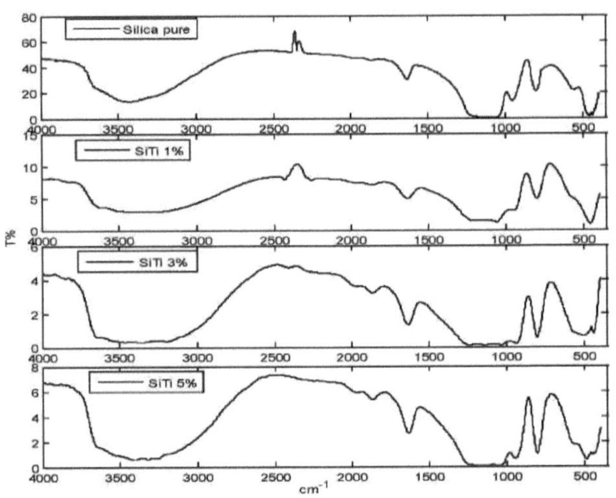

Figura 4-27: FTIR para sílica pura e sílica-titânio1%, 3% e 5%

4.4.3.4 Estrutura das nanopartículas de sílica HMDS

Os espectros FTIR das nanopartículas de sílica modificadas com diferentes percentagens de HMDS são apresentados na Figura 4.28. Em comparação com os três espectros, os picos de adsorção de Si-O-Si e Si-OH foram observados a 1000-1200 cm^{-1} e 971 cm^{-1} , respetivamente. A reação com HMDS deu origem a um novo pico de IR de baixa intensidade a 2972 cm^{-1} . Observou-se que houve um aumento gradual e monotónico da absorvância a 2972 cm^{-1} devido à presença de grupos CH3 que substituem os grupos Si-OH na superfície da sílica, o que é semelhante aos resultados relatados na literatura [86, 113].

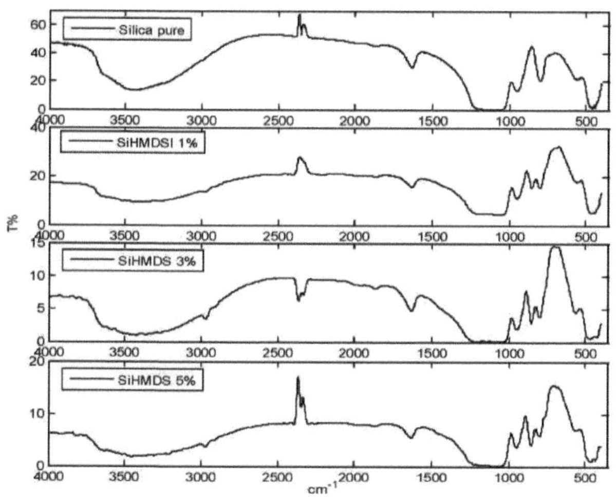

Figura 4-28: FTIR para sílica pura e sílica HMDS 1%, 3% e 5%

4.4.4 Composições das nanopartículas de sílica

A fluorescência de raios X (XRF) é utilizada para a determinação da composição elementar dos materiais [114]. Foi efectuada para determinar as composições químicas das nanopartículas de sílica modificadas e para confirmar que estes óxidos metálicos foram ancorados à superfície da sílica utilizando a modificação líquida. Os dados apresentados na Tabela 4.1 mostram a composição das nanopartículas de sílica pura e modificada. A sílica e o oxigénio estão presentes em grandes quantidades, enquanto a intensidade de outros minerais, como a alumina, o zircónio e o titânio, está presente em quantidades vestigiais, como se mostra na Tabela 4.1. Estes resultados confirmam os resultados estabelecidos utilizando FTIR para nanopartículas de sílica pura e modificada com diferentes percentagens destes modificadores. Os resultados mostraram que a intensidade dos modificadores aumenta com o aumento da percentagem de modificadores de 1, 3 e 5%.

Tabela 4.1: Resultados de XRF das nanopartículas de sílica pura e modificada

Sample	Modifier %	Intensity (KCps)		
		Si	O	M^*
Pure silica	-	45.66	53	0
Silica alumina	1%	45.65	53	0.708
	3%	45.2	53	1.8
	5%	44.6	53	2.39
Silica zirconium	1%	46.21	53	0.0188
	3%	46.22	53	0.0433
	5%	45.97	53	0.07078
Silica titanium	1%	46.7	53	0.14
	3%	46.3	53	0.394
	5%	46.3	53	0.53

M* é um modificador (Al, Zr e Ti)

4.4.5 Cristalito de nanopartículas de sílica

A difração de raios X (XRD) foi utilizada para determinar a estrutura cristalina das partículas de sílica. As nanopartículas de sílica são materiais amorfos de acordo com o XRD com picos inferiores a $2\theta = 25°$ [115].

4.4.5.1 Cristalito de nanopartículas de sílica-alumina

As nanopartículas de sílica e alumina não apresentam a fase cristalina da alumina na difração de raios X em pó, como se mostra na Figura 4.29. Uma razão possível para que as nanopartículas de sílica modificadas com 1, 3 e 5% de alumina sejam material amorfo é o facto de a baixa carga de alumínio na sílica permitir que o alumínio se distribua uniformemente na superfície da sílica. As nanopartículas de sílica e alumina não apresentaram picos de alumina cristalina distintos. Este espetro de raios X em pó, juntamente com a informação sobre a composição, indica que as nanopartículas de sílica-alumina sintetizadas eram homogéneas e amorfas com 2θ à volta de 25. Pode concluir-se da ausência de picos que as nanopartículas de sílica-alumina sintetizadas pelo método sol-gel são amorfas, o que está de acordo com a literatura [116].

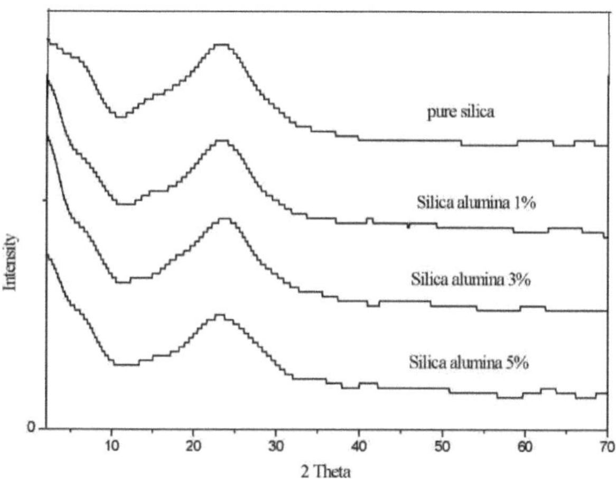

Figura 4-29: XRD para sílica pura, sílica alumina 1%, 3% e 5%

4.4.5.2 Cristalito de nanopartículas de sílica e zircónio

As nanopartículas de sílica preparadas pelo método sol-gel são de natureza amorfa e 2θ é cerca de 25, como se mostra na Figura 4.30. Em contraste, a zircónia pura preparada por este método foi considerada de natureza cristalina com as posições dos picos correspondentes à presença da fase monoclínica [117]. Para a sílica modificada com 1% de zircónio, 2θ é cerca de 15 e mostra uma natureza semi-amorfa devido à distribuição de zircónio na superfície que permite que o zircónio se distribua regularmente para formar material semi-amorfo. Enquanto que com o aumento da percentagem de zircónio para 3% e 5%, estas amostras tornam-se semi-amorfas e observam-se picos em 2θ à volta de 25. A razão para esta discrepância é que a presença de zircónio é apenas suficiente para mudar as amostras de amorfas para semi amorfas.

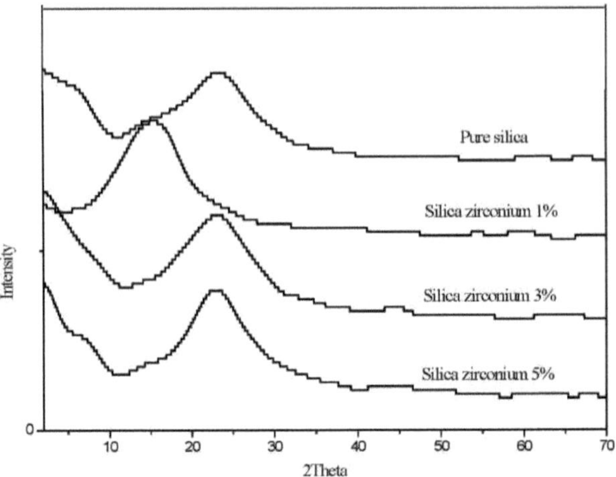

Figura 4-30: XRD para sílica pura, sílica com zircónio 1%, 3% e 5%

4.4.5.3 Cristalito de nanopartículas de sílica e titânio

Os resultados de XRD mostraram que as partículas de Si-O-Ti são amorfas, e 2θ é cerca de 15, como se mostra na Figura 4.31. Não foram observados picos para a fase cristalina da sílica. Todas as nanopartículas de sílica modificadas com diferentes percentagens de 1, 3 e 5% de titânio são amorfas, tendo em conta a menor quantidade de titânio adicionada à sílica, e 2θ é cerca de 15 devido à presença de titânio nas amostras. O resultado é semelhante ao XRD da sílica-titânio observado na literatura [118].

4.4.5.4 Cristalito de nanopartículas de sílica HMDS

Os resultados de XRD para a sílica modificada com 1, 3 e 5% de hexametil dissilazano (Figura 4.32) não revelaram alterações significativas na estrutura da fase para a sílica modificada com diferentes percentagens de HMDS. Todas as nanopartículas de sílica com HMDS se revelaram amorfas e com 2θ à volta de 25.

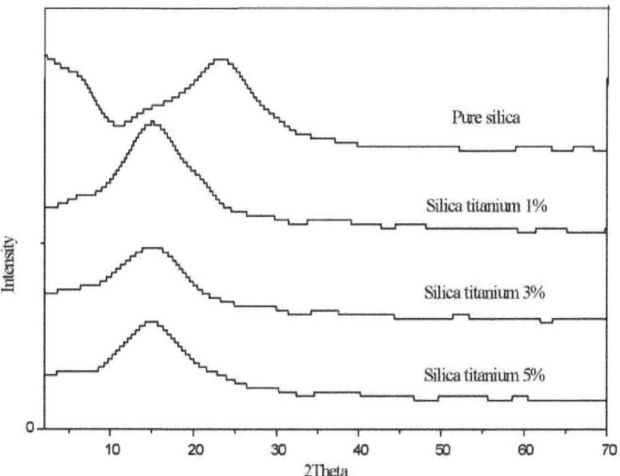

Figura 4-31: XRD para sílica pura, sílica titânio 1%, 3% e 5%

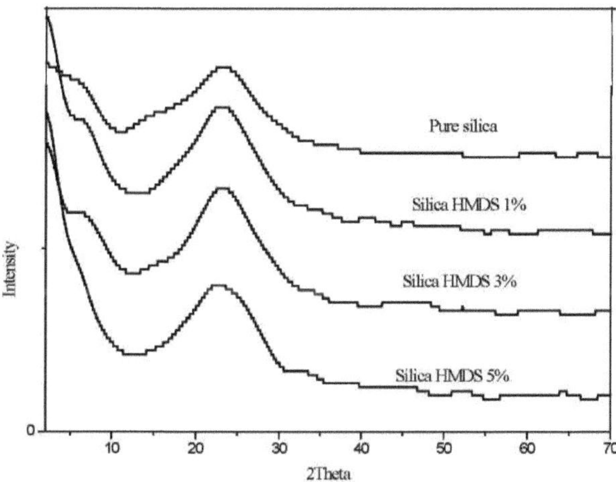

Figura 4-32: XRD para sílica pura, sílica HMDS1%, 3% e 5%

4.4.6 Área de superfície e tamanho dos poros das nanopartículas de sílica

Para investigar o efeito dos modificadores na área de superfície das nanopartículas de sílica sintetizadas, foi utilizada a equação de Brunauer Emmet Teller (BET) para medir a área de superfície das nanopartículas de sílica pura e modificada [119]. Os resultados da área de superfície e do analisador de tamanho de poros mostraram que a área de superfície das nanopartículas de sílica pura era de 303,69m^2 /g (Tabela 4.2). A Figura 4.33 ilustra o gráfico das isotérmicas de adsorção-dessorção de N2 seguindo a isotérmica do tipo V para nanopartículas de sílica pura.

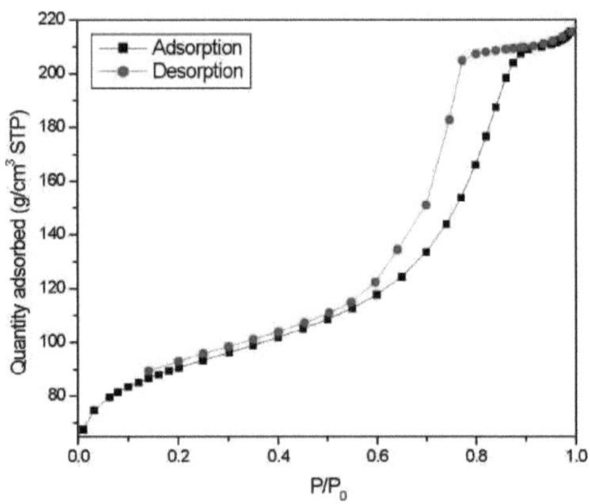

Figura 4-33: Gráfico de isotérmicas de adsorção-dessorção de N2 para nanopartículas de sílica pura

4.4.6.1 *Área de superfície das nanopartículas de sílica-alumina*

A área de superfície da sílica modificada com 1, 3 e 5% de alumina diminui em comparação com a área de superfície das nanopartículas de sílica pura. No entanto, a sílica modificada com 3% de alumina apresentou uma área de superfície mais elevada devido à distribuição de partículas rugosas de sílica em torno das partículas de alumina, como mostram os resultados TEM (secção 4.5.2.1) que ilustram a presença de nanopartículas de sílica na superfície das partículas de alumina. As isotérmicas de adsorção-dessorção de N2 (Figura 4.34) seguiram o tipo (v), indicando a mesoporosidade das nanopartículas de sílica-alumina sintetizadas. Além disso, o menor tamanho dos poros (68,9 A°) permite a existência de um maior número de poros na estrutura da sílica-alumina, tornando-a mais porosa e aumentando a área de superfície.

Estudos posteriores indicaram que, com o aumento da percentagem de alumina (Fig. 4.35), os laços de histerese deslocaram-se para uma gama de pressão relativa mais elevada e as áreas dos laços de histerese diminuíram. Isto indica que o tamanho médio dos poros aumentou e o volume dos poros diminuiu com o aumento da proporção de alumina.

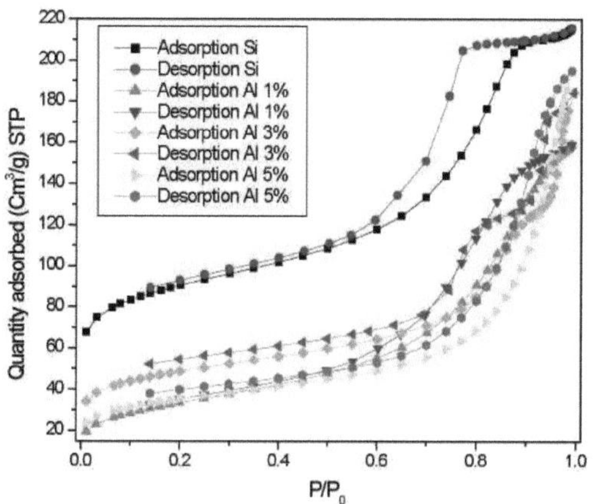

Figura 4-34: Isotérmicas de adsorção-dessorção de N2 das

nanopartículas de sílica não modificadas

e da sílica

alumina 1%, sílica alumina 3% e sílica alumina 5%

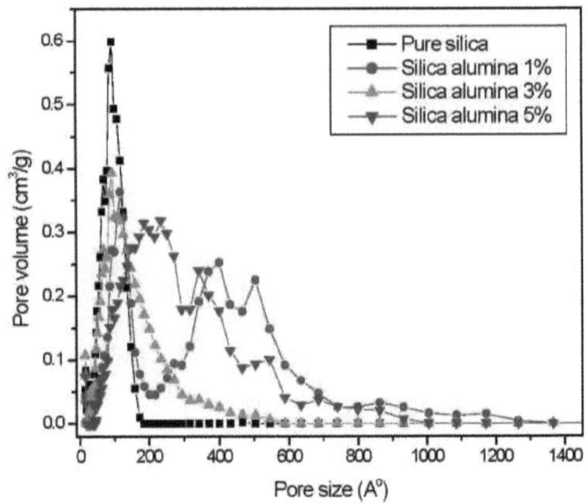

Figura 4-35: Tamanho do poro com o volume do poro das nanopartículas de sílica não modificada e sílica alumina 1%, sílica alumina 3% e sílica alumina 5%

4.4.6.2 *Área de superfície das nanopartículas de sílica-zircónio*

Para as nanopartículas de sílica modificadas com 1, 3 e 5% de zircónio, a área superficial diminui com o aumento da quantidade de zircónio adicionada à sílica. A redução da área de superfície deve-se à distribuição das partículas (secção 4.5.2.2) que leva à redução dos poros das nanopartículas de sílica com as partículas maiores de zircónio e o aumento do tamanho dos poros de 48 para 68 A° produz uma diminuição da área de superfície.

A Figura 4.36 ilustra o gráfico das isotérmicas de adsorção-dessorção de N2 para sílica pura e nanopartículas de sílica-zircónio. O gráfico da isotérmica das nanopartículas de sílica sintetizadas seguiu a isotérmica do tipo (v), indicando que todas as nanopartículas de sílica sintetizadas são materiais mesoporosos (tamanho dos poros de 2 a 50 nm). Estes resultados demonstraram a concordância com o tamanho dos poros calculado a partir da equação de BJH, como se mostra na Tabela 4.2 e na Figura 4.37.

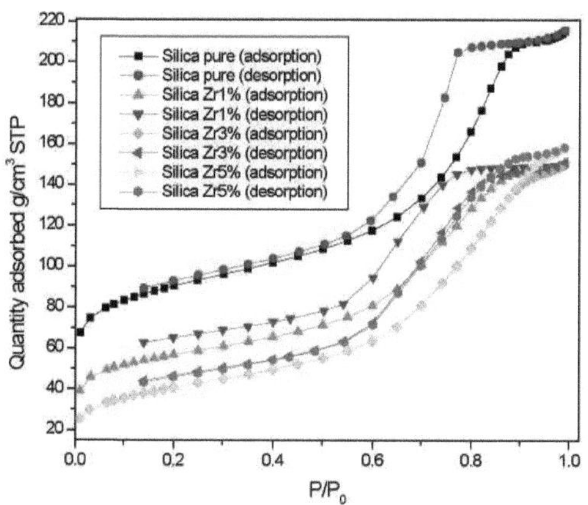

Figura 4-36: Isotérmicas de adsorção-dessorção de N2 das
nanopartículas de sílica não modificada
e sílica zircónio 1%, sílica zircónio 3% e sílica zircónio 5%

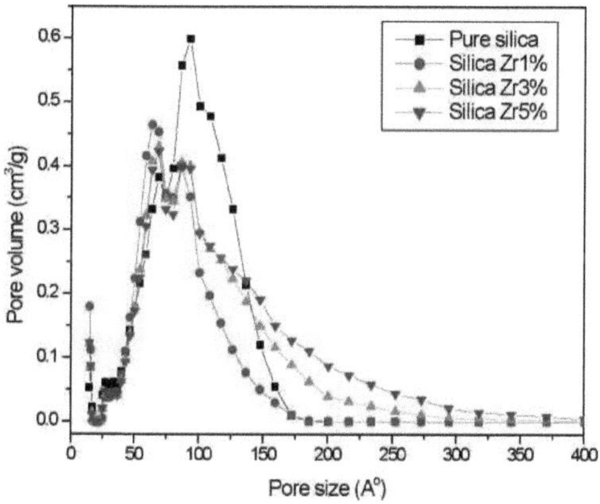

Figura 4-37: Tamanho dos poros com o volume dos poros das nanopartículas de
sílica não modificada e sílica zircónio 1%, sílica zircónio 3% e sílica zircónio 5%

4.4.6.3 Área de superfície das nanopartículas de sílica-titânio

A área de superfície das nanopartículas de sílica modificadas com titânio ilustra uma elevada redução da área de superfície da sílica. Este resultado deve-se ao facto de o titânio ter aumentado a aglomeração e a agregação das nanopartículas de sílica, tal como referido na secção 4.5.1.3 e na secção 4.5.2.3 (resultados FESEM e TEM). As isotérmicas de adsorção-dessorção de N2 da sílica pura mostraram o tipo (V) indicando a meso-porosidade (tamanho dos poros 2-50 nm). No entanto, as isotérmicas de adsorção-dessorção de N2 das STNPs seguiram a isotérmica do tipo (II), indicando a presença de poros grandes (Figura 4.38). A redução do volume dos poros (Figura 4.39) e o aumento da dimensão dos poros com o aumento do teor de titânio são responsáveis pela diminuição da área superficial. A área de superfície BET depende fortemente da percentagem de titânio adicionada.

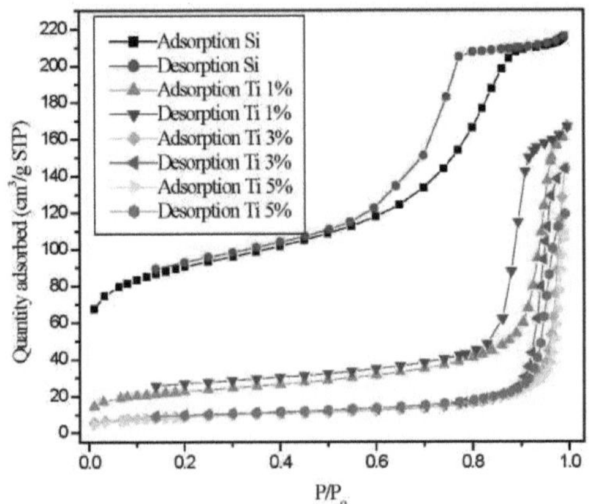

Figura 4-38: Isotérmicas de adsorção-dessorção de N2 das

nanopartículas de sílica não modificadas

e de sílica titânio 1%, sílica titânio 3% e sílica titânio 5%

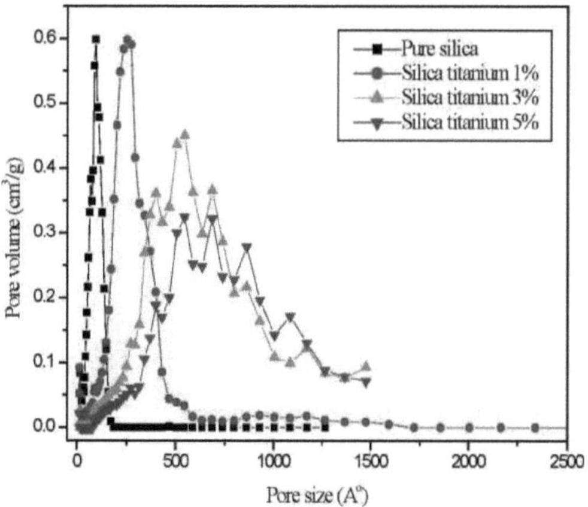

Figura 4-39: Tamanho dos poros com o volume dos poros das nanopartículas de
sílica não modificada e sílica titânio 1%, sílica titânio 3% e sílica titânio 5%

4.4.6.4 Área de superfície das nanopartículas de sílica HMDS

Os resultados BET para a sílica modificada com HMDS ilustram que a área de
superfície diminuiu para a sílica modificada com 1% de HMDS. No entanto, a área de
superfície aumenta para a sílica modificada com 3 e 5% de HMDS, respetivamente. A
alteração da área de superfície das nanopartículas de sílica deve-se à diferente
distribuição das partículas, tal como referido na secção 4.5.2.4 dos resultados TEM.
Além disso, a secção 4.5.1.4 dos resultados do FESEM mostra claramente que a
morfologia das nanopartículas de sílica tem uma estrutura turva em torno dos grupos
CH3. A morfologia destas amostras tem um aspeto de superfície rugosa que confere à
nanopartícula uma maior área de superfície. Além disso, o tamanho de poro mais baixo,
52 A°, da sílica modificada com 5% de HMDS conduz a uma maior área de superfície.

As isotérmicas de adsorção-dessorção de N2 (Figura 4.40) seguiram o tipo (V),
indicando a mesoporosidade das nanopartículas de sílica HMDS sintetizadas. O
tamanho dos poros calculado utilizando a equação de BJH confirma a natureza
mesoporosa da sílica sintetizada com uma gama de tamanhos de poros (2-50 nm), como

se mostra na Tabela 4.2. A Figura 4.41 mostra a distribuição do tamanho dos poros da sílica pura sintetizada e das nanopartículas de sílica HMDS. A distribuição de poros da sílica pura é de cerca de 10 nm, o que resultou numa área de superfície mais elevada ($303m^2$ /g). Enquanto a distribuição do volume dos poros é de 10-25 nm e 10-40 nm para a sílica HMDS 1% e 3%, respetivamente, causou a redução das áreas de superfície da sílica HMDS 1% e 3%. No entanto, para a sílica HMDS 5%, a distribuição do tamanho dos poros é maioritariamente de 10 nm, mas há 170 e 120 nm com um volume muito baixo que produz uma área de superfície mais elevada.

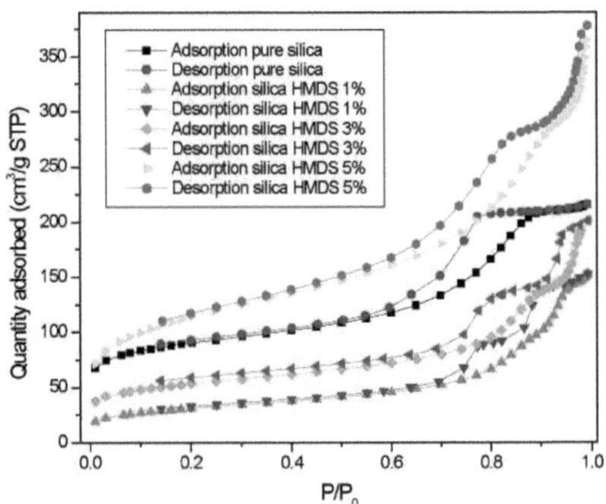

Figura 4-40: Isotérmicas de adsorção-dessorção de N2 das nanopartículas de sílica não modificada

e sílica HMDS 1%, sílica HMDS 3% e sílica HMDS 5%

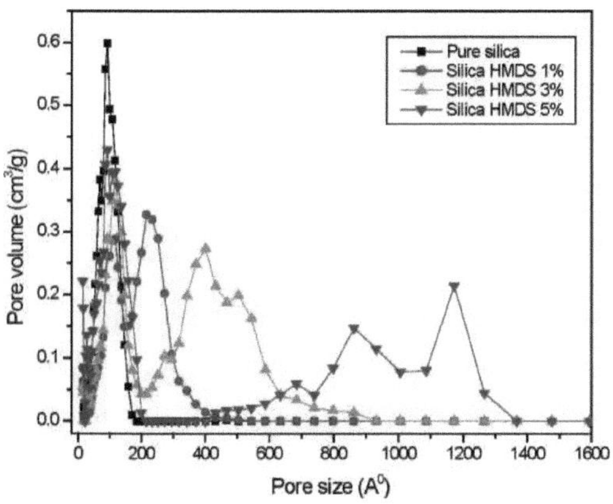

Figura 4-41: Tamanho do poro com o volume do poro das nanopartículas de sílica não modificada e sílica HMDS 1%, sílica HMDS 3% e sílica HMDS 5%

Tabela 4.2: Área de superfície e tamanho dos poros da sílica pura e das nanopartículas de sílica modificadas

Sample	Modifier %	BET m^2/g	Pore size A^o	pore volume cm^3/g
Pure silica nanoparticles	-	303.69	43.61	0.33
Silica alumina	1%	119.74	81.3	0.24
	3%	165.67	68.9	0.30
	5%	121.69	99.17	0.28
Silica zirconium	1%	192.73	48.02	0.23
	3%	142.76	65.15	0.23
	5%	142. 63	68.11	0.24
Silica titanium	1%	77.93	127	0.24
	3%	31.42	192.8	0.19
	5%	31.03	252	0.14
Silica HMDS	1%	108.35	85.05	0.23
	3%	183.12	67.86	0.31
	5%	398.85	52.64	0.53

De acordo com a classificação do gráfico de isotermas, todos os adsorventes apresentaram um gráfico de isotermas de adsorção-dessorção atípico (V), indicando a presença de mesoporos (tamanho dos poros > 50 nm). As figuras B.1 a B.12 do Apêndice B mostram o gráfico das isotérmicas de adsorção-dessorção de N2 para as nanopartículas de sílica modificadas. O gráfico da isotérmica das nanopartículas de sílica sintetizadas seguiu a isotérmica do tipo v, indicando que todas as nanopartículas de sílica sintetizadas são materiais mesoporosos, o que demonstrou a concordância com o tamanho dos poros calculado a partir da equação de BJH, como se mostra na Tabela 4.2.

4.4.7 Estabilidade térmica das nanopartículas de sílica pura

A estabilidade térmica é um fator significativo que determina a aplicabilidade dos materiais em aplicações a altas temperaturas. Além disso, a água fisicamente adsorvida e os grupos hidroxilo das nanopartículas são avaliados quantitativamente por TGA. Para nanopartículas de sílica pura, a primeira perda de peso de 9% entre 0 e 100°C deve-se à perda de água adsorvida e humidade na amostra. A segunda perda de peso de 14% entre 100°C e 400°C deve-se à perda de moléculas de água fortemente ligadas (ligadas por hidrogénio). A perda final de 16% entre 400°C e 800°C é devida à condensação de grupos silanol (Si-OH) em ligações siloxano (Si-O-Si) com a remoção de água. A análise termogravimétrica das nanopartículas de sílica sintetizadas é idêntica à da literatura [79, 90, 120, 121].

4.4.7.1 Estabilidade térmica das nanopartículas de sílica-alumina

Na Figura 4.42, as curvas TGA das nanopartículas de sílica-alumina podem ser separadas em três regimes: a) dessorção de gás a uma temperatura de 0-100°C; b) dessorção de água fisicamente adsorvida a 100-400 °C; c) desidrólise de grupos -OH adjacentes na superfície a 400-800°C [122]. As nanopartículas de sílica modificadas com 1% de alumina mostraram uma maior estabilidade térmica em comparação com a sílica pura e a sílica modificada com 3 e 5% de alumina devido à distribuição das partículas de alumina na superfície da sílica, como se pode ver no TEM (secção

4.5.2.1). Enquanto que a sílica modificada com 3% de alumina apresentou uma estabilidade térmica mais baixa na gama de temperaturas de 100-400°C devido à presença de sílica em excesso à superfície, como se pode ver nos resultados TEM. Os três regimes de perda de massa sobrepõem-se uns aos outros, pelo que o teor exato de água e as densidades dos grupos hidroxilo são difíceis de determinar com exatidão; no entanto, os valores estimados continuam a ser úteis para efeitos de comparação. As estabilidades térmicas das nanopartículas de sílica pura e modificada sintetizadas são apresentadas na Tabela 4.3.

4.4.7.2 *Estabilidade térmica das nanopartículas de sílica e zircónio*

O comportamento térmico das diferentes composições do sistema Si-O-Zr estudado foi analisado com a técnica de TGA. A Figura 4.43 mostra a análise termogravimétrica das nanopartículas de sílica pura e da sílica modificada com 1, 3 e 5% de zircónia. A curva TGA para a amostra de sílica com zircónia a 1% apresentou uma estabilidade térmica inferior, enquanto a sílica modificada com 3% de zircónia apresentou uma estabilidade térmica superior. Por outro lado, a sílica-zircónia 5% apresentou a estabilidade térmica mais elevada com baixa perda de peso nas gamas de temperatura 0-100 °C e 100-400 °C, como se mostra na Tabela 4.3.

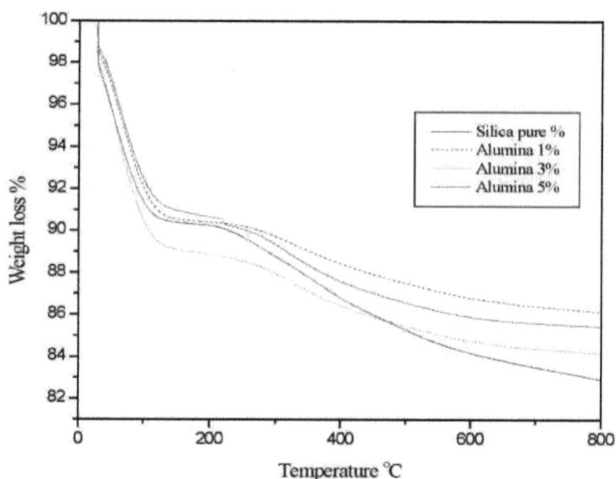

Figura 4-42: TGA para sílica pura, sílica-alumina 1%, 3% e 5%

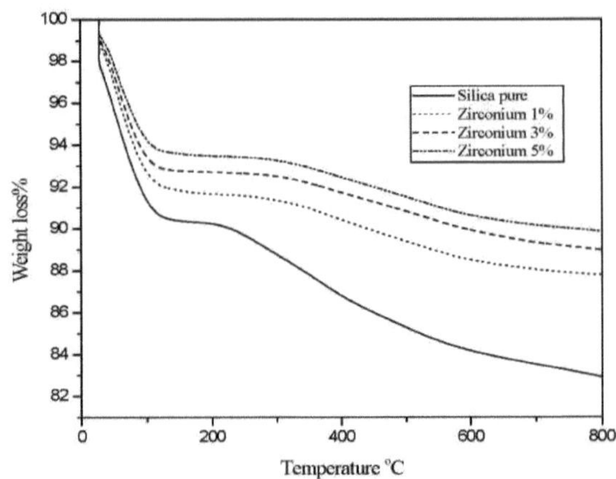

Figura 4-43: TGA para sílica pura, sílica-zircónio 1%, 3% e 5%

4.4.7.3 Estabilidade térmica das nanopartículas de sílica e titânio

O TGA mostra os comportamentos de decomposição térmica das nanopartículas de sílica pura e da sílica modificada com 1, 3 e 5% de titânio. A sílica com 1% de titânio demonstrou uma estabilidade térmica inferior, como se mostra na Figura 4.44. Enquanto a sílica modificada com 3% de titânio apresentou maior estabilidade térmica na gama de temperaturas de 100-400°C. Por outro lado, a sílica com 5% de titânio apresentou uma estabilidade térmica mais elevada à temperatura de 100-400°C e uma estabilidade térmica semelhante à da sílica com 3% de titânio à temperatura de 400-800°C, o que se deve à distribuição e aglomeração das partículas de titânio na superfície da sílica, como se pode ver no resultado do TEM (secção 4.5.2.3).

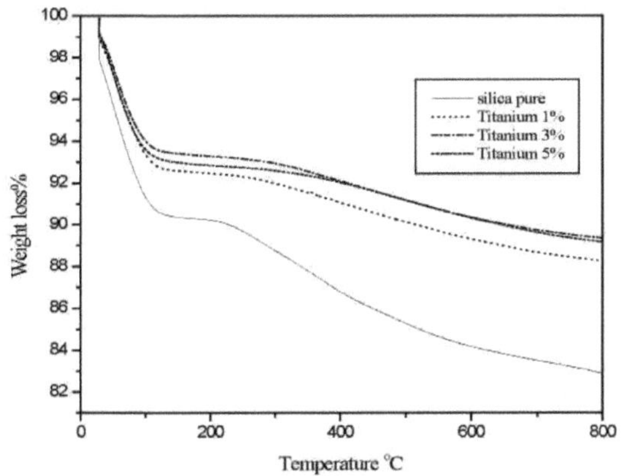

Figura 4-44: TGA para sílica pura, sílica-titânio 1%, 3% e 5%

4.4.7.4 *Estabilidade térmica das nanopartículas de sílica HMDS*

Os comportamentos de decomposição térmica das nanopartículas de sílica pura e da sílica modificada com 1, 3 e 5% de HMDS são apresentados na Figura 4.45. A sílica HMDS 1% demonstrou uma estabilidade térmica inferior. Enquanto a sílica HMDS 3% apresentou uma maior estabilidade térmica a temperaturas de 0-100 °C e 100-400 °C. Por outro lado, a sílica HMDS 5% apresentou a maior estabilidade térmica no mesmo intervalo de temperaturas.

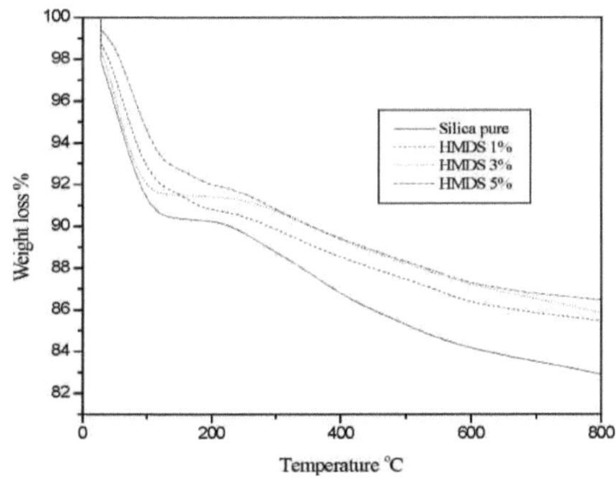

Figura 4-45: TGA para sílica pura, sílica HMDS 1%, 3% e 5%

As estabilidades térmicas das nanopartículas de sílica pura e modificada sintetizadas são apresentadas na Tabela 4.3. Embora os regimes de perda de massa se sobreponham uns aos outros e o teor exato de água e as densidades dos grupos hidroxilo sejam difíceis de determinar com exatidão, os valores estimados continuam a ser úteis para efeitos de comparação da hidrofobicidade das nanopartículas de sílica. A degradação a 100-400°C e 400800°C deve-se à dessorção da água fisicamente adsorvida e à desidrólise dos grupos -OH adjacentes na superfície da sílica, que estão relacionados com a hidrofilicidade da sílica. As nanopartículas de sílica pura apresentaram uma maior perda de massa em comparação com a sílica modificada, o que ilustra a hidrofilicidade das nanopartículas de sílica pura. As nanopartículas de sílica modificadas apresentaram uma degradação diferente consoante a sua hidrofobicidade. O tipo e a percentagem do modificador influenciaram a morfologia e a distribuição das partículas, o que teve um efeito distinto na área de superfície e na estabilidade térmica das nanopartículas de sílica sintetizadas, como demonstrado nos resultados de TGA.

Tabela 4.3: Estabilidade térmica das nanopartículas de sílica pura e modificada sintetizadas

| | Modifier | Mass loss % | |
Sample	%	At 100 (°C)	At 400 (°C)
Pure silica	-	9	14
Silica alumina	1%	8	11
	3%	11	14
	5%	9	12
Silica zirconium	1%	8	10
	3%	7	8
	5%	5	6
Silica titanium	1%	7	9
	3%	6	8
	5%	7	8
Silica HMDS	1%	9	11
	3%	8	10
	5%	8	8

4.5 Resumo da modificação e caraterização

As características essenciais das nanopartículas de sílica sintetizadas para exibir boas propriedades adsorventes, tais como elevada capacidade de absorção, hidrofobicidade, recuperação de óleo dos adsorventes e a reutilização dos adsorventes, foram investigadas utilizando diferentes técnicas de caraterização. A morfologia da superfície e a distribuição das partículas das nanopartículas de sílica modificadas foram analisadas utilizando a microscopia eletrónica de varrimento de emissão de campo e a microscopia eletrónica de transmissão, respetivamente. O efeito de diferentes modificadores na área da superfície foi determinado através da medição da adsorção-dessorção de N_2. Adicionalmente, as propriedades estruturais, tais como o cristalito e a composição das nanopartículas de sílica modificadas, foram determinadas utilizando a difração de raios X, a fluorescência de raios X e o infravermelho com transformada de Fourier. Além disso, a estabilidade térmica da sílica sintetizada, que desempenha um papel importante na reutilização da sílica, foi investigada através de análise termogravimétrica.

A morfologia das nanopartículas de sílica foi fortemente afetada pelos modificadores inorgânicos e orgânicos e pela percentagem do modificador adicionado às nanopartículas de sílica. As nanopartículas de sílica modificadas com 1% de alumina apresentaram uma superfície rugosa com partículas esféricas na superfície. No caso da sílica-alumina a 3% e 5% de alumina, verifica-se uma aglomeração e agregação das nanopartículas de sílica em torno da alumina. As nanopartículas de sílica-zircónio apresentam uma morfologia diferente. A morfologia da sílica-zircónio 1% parece ser mais densa, com partículas esféricas cobertas pela superfície. Por outro lado, as nanopartículas de sílica modificadas com 3% e 5% de zircónio mostraram uma morfologia densa com partículas esféricas, além de haver aglomeração com 5% de zircónio. No caso das nanopartículas de sílica modificadas com diferentes percentagens de titânio, a morfologia da sílica-titânio a 1% mostrou partículas esféricas à superfície com baixa densidade de empacotamento, ao passo que na sílica-titânio a 3% e 5% a morfologia torna-se densa e houve aglomeração de partículas. A morfologia das nanopartículas de sílica modificadas com modificador orgânico (HMDS) mostrou uma densidade mais baixa para a sílica modificada com 1% de HMDS, enquanto que com 3% e 5% de HMDS a morfologia se torna mais densa e as nanopartículas de sílica cobrem a superfície.

As nanopartículas de sílica apresentaram uma distribuição diferente em torno dos modificadores inorgânicos e orgânicos. A distribuição das nanopartículas de alumina é diferente consoante a percentagem de alumina. Para a sílica alumina 1%, uma pequena quantidade de sílica aglomera-se em torno de partículas esféricas de alumina. Na sílica modificada com 3% de alumina, as pequenas nanopartículas de sílica apresentam uma superfície rugosa e uma maior aglomeração cobre a superfície das partículas de alumina. As nanopartículas de sílica-alumina a 5% apresentaram uma estrutura ramificada. As nanopartículas de sílica-zircónio a 1% ilustram uma menor aglomeração, enquanto que ao aumentar a quantidade de zircónio para 3% e 5% as nanopartículas de sílica agregam-se em torno das partículas de zircónio. O TEM para a sílica modificada com titânio ilustrou a aglomeração da sílica à volta das partículas de titânio e a aglomeração aumentou com o aumento da percentagem de titânio. As nanopartículas de sílica HMDS demonstraram uma distribuição diferente da sílica em torno dos grupos CH3, as nanopartículas de sílica HMDS 5% demonstraram uma maior aglomeração.

O FTIR das nanopartículas de sílica modificadas ilustrou a presença da banda principal a 1090-1230cm^{-1} devido à presença de Si-O-Si. A banda a 1631cm^{-1} é devida à vibração de C-H e a banda a 3000-3500cm^{-1} é devida à presença de humidade. O FTIR das nanopartículas de sílica-alumina mostrou a presença de Si-O-Al a 980cm^{-1} enquanto o FTIR da sílica-zircónio mostrou a presença de Si-O-Zr a 971cm^{-1} . Por outro lado, o FTIR das nanopartículas de sílica e titânio mostrou uma banda a 950 cm^{-1} , indicando a presença de Si-O-Ti. O FTIR das nanopartículas de sílica HMDS apresentou uma banda a 2972cm^{-1} devido à presença de grupos CH3.

Os resultados de XRF demonstraram que a composição das nanopartículas de sílica pura, a sílica e o oxigénio estão presentes em grandes quantidades, enquanto os minerais das nanopartículas de sílica modificada, como a alumina, o zircónio e o titânio, estão presentes em quantidades vestigiais. Este facto confirma a modificação química das nanopartículas de sílica sintetizadas, o que está de acordo com a análise FTIR das nanopartículas de sílica modificadas.

Os resultados de difração de raios X das nanopartículas de sílica modificadas demonstraram que as nanopartículas de sílica-alumina são materiais amorfos e 2theta é cerca de 25, enquanto as nanopartículas de sílica-zircónio 1% são materiais semi-amorfos e 2theta é cerca de 15. Por outro lado, as nanopartículas de sílica-zircónio a 3% e 5% são semi-amorfas e 2theta é cerca de 25. As nanopartículas de sílica titânio são amorfas com 2theta de cerca de 15 e as nanopartículas de sílica HMDS são amorfas com 2theta de cerca de 25.

Os resultados BET das nanopartículas de sílica modificadas ilustraram que a área de superfície das nanopartículas de sílica pura diminui com o aumento da percentagem de modificador inorgânico. A área de superfície da sílica alumina 3% foi mais elevada em comparação com a sílica alumina 1% e 5%, o que pode dever-se à distribuição das partículas de alumina. Enquanto que a área de superfície da sílica HMDS aumenta com o aumento do HMDS de 1% para 5%. As nanopartículas de sílica modificada apresentam uma área superficial diferente devido ao aspeto morfológico da superfície rugosa (resultados FESEM) e à diferente distribuição das partículas (resultados TEM) que conferem às nanopartículas uma área superficial mais elevada. Para além disso, a reduzida dimensão dos poros da sílica modificada conduz a uma maior área de superfície.

A estabilidade térmica da sílica pura e das nanopartículas de sílica modificadas mostrou que as nanopartículas de sílica têm uma elevada estabilidade térmica, independentemente da percentagem e do tipo de modificador. A degradação em torno de 100°C e 400°C deve-se à humidade e à perda de moléculas de água fortemente ligadas (ligação de hidrogénio), respetivamente.

As características das nanopartículas de sílica sintetizadas, tais como morfologia rugosa, distribuição de partículas diferentes, amorfas com elevada área de superfície, porosidade, hidrofobicidade e elevada estabilidade térmica, sustentam a sua utilização em diferentes aplicações. A estabilidade térmica mais elevada das nanopartículas de sílica modificadas suporta a sua utilização, uma vez que este material é estável a temperaturas elevadas (800°C).

CAPÍTULO 5
CONCLUSÕES E RECOMENDAÇÕES

5.1 Conclusões

Os solues de sílica foram sintetizados com diferentes rácios de hidrólise (2, 4, 6, 8 e 10) para estudar o efeito do rácio de hidrólise nas propriedades dos solues de sílica. Os resultados do índice de refração, viscosidade e densidade revelam que a razão de hidrólise tem um efeito essencial nas propriedades termofísicas dos solues de sílica sintetizados. O sol de sílica com um rácio de hidrólise mais elevado apresenta valores mais elevados de índice de refração, viscosidade e densidade do que os do rácio de hidrólise mais baixo. Os índices de refração e as densidades dos solues de sílica diminuem linearmente com o aumento da temperatura. Enquanto o valor das viscosidades observou uma redução significativa com o aumento da temperatura. Além disso, o tamanho das partículas das soluções de sílica aumenta de 7 para 177 nm com o aumento da razão de hidrólise de 2 para 10. Enquanto a morfologia se torna mais densa e a densidade de empacotamento aumenta com o aumento da razão de hidrólise.

As soluções de sílica sintetizadas com uma razão de hidrólise de 2 foram modificadas com diferentes percentagens de modificadores inorgânicos e orgânicos utilizando modificação líquida. Foi efectuado um estudo comparativo para ilustrar o efeito dos modificadores inorgânicos e orgânicos com diferentes percentagens de 1, 3 e 5% nas propriedades e características da textura das nanopartículas de sílica. Os resultados da microscopia de varrimento por emissão de campo (FESEM) e da microscopia eletrónica de transmissão (TEM) demonstraram que a dispersão das partículas de modificadores nas nanopartículas de sílica depende do tipo e da percentagem do modificador. A composição das nanopartículas de sílica modificadas depende da percentagem do modificador adicionado à sílica, como demonstrado nos resultados de FTIR e XRF. As nanopartículas de sílica modificadas são amorfas, como

99

mostram os resultados de XRD. As isotérmicas de adsorção de N2 mostraram que a área de superfície das nanopartículas de sílica modificadas diminuiu em comparação com a área de superfície das nanopartículas de sílica pura. A área de superfície da sílica modificada com alumina, zircónio e titânio diminuiu em comparação com a área de superfície das nanopartículas de sílica pura. No entanto, a área de superfície da sílica modificada com HMDS aumentou com o aumento da percentagem de HMDS de 1% para 5%. A estabilidade térmica das nanopartículas de sílica modificadas aumentou com o aumento da percentagem do modificador, conforme demonstrado nos resultados de TGA.

5.2 Recomendações

Este trabalho explora o efeito da razão de hidrólise nas propriedades do sol de sílica e o efeito da percentagem do modificador nas características das nanopartículas de sílica sintetizadas. As propriedades das nanopartículas de sílica hidrofóbicas dependem da escolha do tipo de modificador e da percentagem adicionada aos solues de sílica. As nanopartículas de sílica hidrofóbicas são um material promissor e é necessária mais investigação para promover o seu progresso e compreender melhor as suas capacidades. A redução da área de superfície das nanopartículas de sílica é um dos principais obstáculos à utilização das nanopartículas de sílica modificadas. As recomendações que se seguem poderão ser úteis para melhorar o progresso da utilização de nanopartículas de sílica hidrofóbicas:

As nanopartículas de sílica têm uma elevada estabilidade química, mecânica e térmica, mas o desafio consiste em descobrir a quantidade exacta de grupo hidroxilo na superfície das nanopartículas de sílica que pode ser substituída por modificadores sem uma redução elevada da área de superfície das nanopartículas de sílica.

REFERÊNCIAS

[1]   H. W. Zou, S.Shen, J., "Nanocompósitos de polímero/sílica: preparação, caraterização, propriedades e aplicações", *Chem. Rev.,* vol. 108 pp. 38933957, 2008.

[2]   T. Nedel ev, I. Krupa, P. Hrdlovi, J. Kollar, D. Chorvat, e I. Larik, "Silica hydrogel formation and aging monitored by pyrene-based fluorescence probes," *J. Sol-Gel Sci. Technol,* pp. 1-8, 2010.

[3]   L. L. W. Hench, J. K., "The sol-gel process," *Chem. Rev.,* vol. 90 pp. 33-72, 1990.

[4]   C. R.Silva and C. Airoldi, "Acid and Base Catalysts in the Hybrid Silica SolGel Process," *J.Colloid Interface Sci.,* vol. 195 1997, pp. 381-387, 1997.

[5]   B. N.Nair, T. Yamaguchi, T. Okubo, H. Suematsu, K. Keizer, e S.-I. Nakao, "sol-gel synthesis of molecular sieving silica membranes", *Journal of Membrane Science,* vol. 135, pp. 237-243, 1997.

[6]   E. Mily, A. Gonzalez, J. J. Iruin, L. Irusta, and M. J. Fernandez-Berridi, "Silica nanoparticles obtained by micro wave assisted sol-gel process: multivariate analysis of the size and conversion dependence," *J. Sol-Gel Sci. Technol.,* vol. 53, pp. 667-672, 2010.

[7]   G. L. Buelna, Y. S., "Sol-gel-derived mesoporous [gamma]-alumina granules," *Microporous Mesoporous Mater,* vol. 30 1999, pp. 359-369, 1999.

[8]   T. Uemura, D. Hiramatsu, K. Yoshida, S. Isoda, e S. Kitagawa, "Sol- Gel Synthesis of Low-Dimensional Silica within Coordination Nanochannels, " *Journal of the American Chemical Society,* vol. 130, pp. 9216-9217, 2008.

[9]   R. Ranjan, "Surface Modification Of Silica Nanoparticles." vol. PhD: Universidade de Akron, 2008.

[10]   A. C. Patel, "Bioapplicable, Nanostructured and Nanocomposite Materials for Catalytic and Biosensor Applications." vol. PhD: Drexel University, 2006.

[11]   F. Barandeh, P.-L. Nguyen, R. Kumar, G. J. Iacobucci, M. L. Kuznicki, A. Kosterman, E. J. Bergey, P. N. Prasad, e S. Gunawardena, "Organically Modified Silica Nanoparticles Are Biocompatible and Can Be Targeted to Neurons In Vivo," *PLoS ONE,* vol. 7, pp. 1-15, 2012.

[12]   A. Liberman, N. Mendez, W. C. Trogler e A. C. Kummel, "Synthesis and surface functionalization of silica nanoparticles for nanomedicine, " *Surface Science Reports,* vol. 69, pp. 132-158, 9// 2014.

[13]   R. R. Kreiter, M. D. A. Castricum, H. L. van Veen, H. M. ten Elshof, J. E. Vente, J. F., "Evaluation of hybrid silica sols for stable microporous membranes using

high-throughput screening," in *J. Sol-Gel Sci. Technol.*, 2010, pp. 1-8.

[14] Y. S. Lin, "membrana inorgânica microporosa e densa: estado atual e perspectivas," *ELSEVIER,* vol. 25, pp. 39-55, 2001.

[15] C. J. Brinker, "Hydrolysis and condensation of silicates: Effects on structure, " *Journal of Non-Crystalline Solids,* vol. 100, pp. 31-50, 3// 1988.

[16] S. Xu, S. Hartvickson e J. X. Zhao, "Aumento da área de superfície das nanopartículas de sílica com uma superfície rugosa", *ACS Applied Materials & Interfaces,* vol. 2011, 2011.

[17] P. Falcaro e P. Innocenzi, "X-rays to study, induce, and pattern structures in sol-gel materials," *Journal of Sol-Gel Science and Technology,* vol. 57, pp. 236-244, 2009// 2009.

[18] T. T. Y. Tan, S. Liu, Y. Zhang, M. Y. Han, e S. T. Selvan, "5.14 - Métodos Preparativos de Microemulsão (Visão Geral) A2 - Andrews, David L," em *Comprehensive Nanoscience and Technology*, G. D. Scholes e G. P. Wiederrecht, Eds. Amesterdão: Academic Press, 2011, pp. 399-441.

[19] S. Liu e M. Y. Han, "Silica-coated metal nanoparticles," *Chem Asian J,* vol. 5, pp. 36-45, Jan 4 2010.

[20] R. P. Bagwe, L. R. Hilliard, e W. Tan, "Surface Modification of Silica Nanoparticles to Reduce Aggregation and Nonspecific Binding," *Langmuir,* vol. 22, pp. 4357-4362, 2006/04/01 2006.

[21] G. A. Silva, "Introduction to nanotechnology and its applications to medicine," *Surgical Neurology,* vol. 61, pp. 216-220, 3// 2004.

[22] "Chapter 1 Silica: preparation and properties," in *Studies in Surface Science and Catalysis*. vol. Volume 93, P. V. D. V. a. K. C. V. E.F. Vansant, Ed.: Elsevier, 1995, pp. 3-30.

[23] K. J. Klabunde e R. M. Richards, *Nanoscale Materials in Chemistry: Segunda Edição*, 2009.

[24] S. Prabakar and R. A. Assink, "Hydrolysis and condensation kinetics of two component organically modified silica sols* 1," *J. Non-Cryst. Solids,* vol. 211 1997, pp. 39-48, 1997.

[25] X. J. Zhang, S. Y. Zhao, C. X. Gao, e S. J. Wang, "Amorphous sol-gel SiO_2 film for protection of an orthorhombic phase alloy against high temperature oxidation, " *J. Sol-Gel Sci. Technol,* vol. 49, pp. 221-227, 2009.

[26] P. Falcaro e P. Innocenzi, "X-rays to study, induce, and pattern structures in sol-gel materials," *Journal of sol-gel science and technology,* pp. 1-9, 2011.

[27] X. Yang, L. Zhu, Y. Chen, B. Bao, J. Xu, e W. Zhou, "Propriedade hidrofílica/hidrofóbica controlada de filmes de sílica através da manipulação da hidrólise e condensação de tetraetoxisilano," *Applied Surface Science,* vol. 376, pp. 1-9, 7/15/ 2016.

[28] A. N. Constable, "Functionalization Of Silica Micro-Capillaries And Silica Nanoparticles Via Polymer Brushes," in *Graduate Faculty.* vol. Ph.D: University of Akron, 2008.

[29] M. Medina, J. Tapia, S. Pacheco, M. Espinosa, e R. Rodriguez, "Adsorção de iões de chumbo em solução aquosa utilizando nanopartículas de sílica-alumina," *J. NonCryst. Solids,* vol. 356, pp. 383-387, 2010.

[30] I. Rahman e V. Padavettan, "Síntese de nanopartículas de sílica por Sol-Gel: Size-Dependent Properties, Surface Modification, and Applications in SilicaPolymer Nanocomposites-A Review," *Journal of Nanomaterials,* vol. 2012, pp. 1-15, 2012.

[31] C. J. Brinker e G. W. Scherer, *Sol-gel science: the physics and chemistry of sol-gel processing*: Academic Pr, 1990.

[32] G. Piccaluga, *Sol-gel preparation and characterization of metal-silica and metal oxide-silica nanocomposites*: Trans Tech Pubn, 2000.

[33] S. Prabakar and R. A. Assink, "Hydrolysis and condensation kinetics of two component organically modified silica sols," *J. Non-Cryst. Solids,* vol. 211 1997, pp. 39-48, 1997.

[34] J. Chrusciel e L. Slusarski, "synthesis of nanosilica by sol-gel method and its activity towards polymers," *Materials Science,* vol. 21, pp. 461-469, 2003.

[35] C. J. Brinker e G. W. Scherer, "The physics and chemistry of sol-gel processing, " *J. Sol-Gel Sci. Technol.,* vol. 141, pp. 58-59, 1990.

[36] A. Fidalgo, M. E. Rosa, e L. M. Ilharco, "Chemical control of highly porous silica xerogels: Physical properties and morphology, " *Chemistry of materials,* vol. 15, pp. 2186-2192, 2003.

[37] C. J. Brinker e G. W. Scherer, "Sol-gel science", 1990.

[38] C. J. Brinker, "Hydrolysis and condensation of silicates: effects on structure," *J. Non-Cryst. Solids,* vol. 100, pp. 31-50, 1988.

[39] J. C. Ro e J. C. In, "Structures and properties of silica gels prepared by the sol--gel method," *J. Non-cryst. Solids,* vol. 130, pp. 8-17, 1991.

[40] K. Kusakabe, S. Sakamoto, T. Saie, e S. Morooka, "Pore structure of silica membranes formed by a sol-gel technique using tetraethoxysilane and alkyltriethoxysilanes," *Separation and Purification Technology,* vol. 16, pp.

139-146, 1999.

[41] O. Lev, M. Tsionsky, L. Rabinovich, V. Glezer, S. Sampath, I. Pankratov, e J. Gun, "Organically modified sol-gel sensors," *Analytical Chemistry,* vol. 67, pp. 22-30, 1995.

[42] R. K. Iler, *The chemistry of silica: solubility, polymerization, colloid and surface properties, and biochemistry*: Wiley New York, 1979.

[43] D. L. Meixner e P. N. Dyer, "Influence of sol-gel synthesis parameters on the microstructure of particulate silica xerogels," *J. Sol-Gel Sci. Technol.,* vol. 14, pp. 223-232, 1999.

[44] M. D. Curran and A. E. Stiegman, "Morphology and pore structure of silica xerogels made at low pH," *J. Non-cryst. Solids,* vol. 249, pp. 62-68, 1999.

[45] Z. Yang e Y. S. Lin, "Sol-gel synthesis of silicalite/ -alumina granules, " *Industrial & engineering chemistry research,* vol. 39, pp. 4944-4948, 2000.

[46] V. Sudarsan, S. Sivakumar, F. C. J. M. van Veggel, e M. Raudsepp, "General and convenient method for making highly luminescent sol-gel derived silica and alumina films by using laf3 nanoparticles doped with lanthanide ions (er3+, nd3+, and ho3+)," *Chemistry of materials,* vol. 17, pp. 4736-4742, 2005.

[47] Y. S. Lin, C. H. Chang, e R. Gopalan, "Improvement of thermal stability of porous nanostructured ceramic membranes," *Industrial & engineering chemistry research,* vol. 33, pp. 860-870, 1994.

[48] K. S. Kang e J. H. Kim, "Origin of Blue Luminescence from a Hybrid SolGel after Thermal Processing, " *The Journal of Physical Chemistry C,* vol. 112, pp. 618-620, 2008.

[49] M. Reinhard e A. Drefahl, "Handbook for Estimating Phsicochemiacl Properties of Organic Compounds." vol. 1: A WILEY-INTERSCIENCE PUBLICATION, 1999, p. 254.

[50] Y. Wu, B. Zhou, C. Xu, X. Xu e J. Shen, "Structural Analysis and Control of Ultralow Density Silica Aerogels Prepared by Sol-gel Process", em *Nano/Micro Engineered and Molecular Systems*, 2006, pp. 192-195.

[51] A. Vincent, S. Babu, E. Brinley, A. Karakoti, S. Deshpande, e S. Seal, "Role of Catalyst on Refractive Index Tunability of Porous Silica Antireflective Coatings by Sol-Gel Technique" *Phys.Chem,* vol. 111, pp. 8291-8298, 2007.

[52] J. Q. Xi, J. K. Kim, e E. F. Schubert, "Silica nanorod-array films with very low refractive indices," *Nano letters,* vol. 5, pp. 1385-1387, 2005.

[53] S. K. Medda e G. De, "Inorganic- Organic Nanocomposite Based Hard Coatings on Plastics Using In Situ Generated Nano-SiO2 Bonded with Si O Si PEO

Hybrid Network," *Industrial & engineering chemistry research,* vol. 48, pp. 4326-4333, 2009.

[54] T. M. Tillotson and L. W. Hrubesh, "Transparent ultralow-density silica aerogels prepared by a two-step sol-gel process," *J. Non-Cryst. Solids,* vol. 145, pp. 44-50, 1992.

[55] A. N. Constable, "Functionalization Of Silica Micro-Capillaries and Silica Nanoparticles via Polymer Brushes." vol. PhD: Universidade de Akron, 2008.

[56] A. Beganskiene, S. Sakirzanovas, I. Kazadojev, A. Melninkaitis, V. Sirutkaitis, e A. Kareiva, "Sol-gel derived antireflective coating with controlled thickness and reflective index," *Materials Science-Poland,* vol. 25, pp. 817824, 2007.

[57] Y. K. Oh, L. Y. Hong, Y. Asthana, e D. P. Kim, "Synthesis of Super- hydrophilic Mesoporous Silica via a Sulfonation Route," *Journal of Industrial and Engineering Chemistry,* vol. 12, pp. 911-917, 2006.

[58] I. I. Slowing, J. L. Vivero-Escoto, C.-W. Wu, e V. S. Y. Lin, "Mesoporous silica nanoparticles as controlled release drug delivery and gene transfection carriers," *Advanced drug delivery reviews,* vol. 60, pp. 1278-1288, 2008.

[59] E. Guo, "Mesoporous metal oxide materials for catalysis and biotechnology applications." vol. M.Sc. Ames, Iowa: Universidade Estadual de Iowa, 2010.

[60] J. Q. Xi, J. K. Kim, e E. F. Schubert, "Silica nanorod-array films with very low refractive indices," *Nano Lett,* vol. 5, pp. 1385-1387, 2005.

[61] K. S. McCain and J. M. Harris, "Total Internal Reflection FluorescenceCorrelation Spectroscopy Study of Molecular Transport in Thin Sol- Gel Films," *Anal. Chem,* vol. 75, pp. 3616-3624, 2003.

[62] J. M. Rosenholm, A. Meinander, E. Peuhu, R. Niemi, J. E. Eriksson, C. Sahlgren, e M. Lindan, "Targeting of porous hybrid silica nanoparticles to cancer cells," *ACS nano,* vol. 3, pp. 197-206, 2008.

[63] V. Cauda, A. Schlossbauer, J. Kecht, A. Zul^rner, e T. Bein, "Multiple Corea Shell Functionalized Colloidal Mesoporous Silica Nanoparticles," *Journal of the American Chemical Society,* vol. 131, pp. 11361-11370, 2009.

[64] M. Liong, "Biomedical Applications of Mesostructured Silica Materials." vol. PhD Los Angeles: Universidade da Califórnia, 2009.

[65] T. Jesionowski and A. Krysztafkiewicz, "Preparation of the hydrophilic/hydrophobic silica particles," *Colloids and Surfaces A: Physicochemical and Engineering Aspects,* vol. 207, pp. 49-58, 2002.

[66] D. Y. Nadargi, J. L. Gurav, N. El Hawi, A. V. Rao, e M. Koebel, "Síntese e caraterização de películas finas de sílica hidrofóbica transparente por processo

sol-gel de passo único e revestimento por imersão, " *Journal of Alloys and Compounds,* vol. 496, pp. 436-441, 2010.

[67]   S. Liang, "Silica nanomatrix effect on the properties of encapsulated molecules and silica-metal nanoparticles for bioapplications," The University Of North Dakota, 2010.

[68]   J. L. Vivero-Escoto, "Surface functionalized mesoporous silica nanoparticles for intracellular drug delivery," 2009.

[69]   J. Goldstein, *Scanning electron microscopy and X-ray microanalysis* vol. 1: Springer Us, 2003.

[70]   H. Jaksch, "Field emission SEM for true surface imaging and analysis, " *Materials world,* vol. 4, pp. 583-4, 1996.

[71]   P. Echlin, C. E. Fiori, J. I. Goldstein, D. C. Joy, E. Lifshin, C. E. Lyman, D. E. Newbury, e A. D. Roming Jr, "Scanning electron microscopy and x-ray microanalysis," Plenum Press, Copyright, 2003.

[72]   Z. L. Wang, "Transmission electron microscopy of shape-controlled nanocrystals and their assemblies," *The Journal of Physical Chemistry B,* vol. 104, pp. 1153-1175, 2000.

[73]   M. Bottini, S. Bruckner, K. Nika, N. Bottini, S. Bellucci, A. Magrini, A. Bergamaschi, e T. Mustelin, "Multi-walled carbon nanotubes induce T lymphocyte apoptosis," *Toxicology letters,* vol. 160, pp. 121-126, 2006.

[74]   L. J. Poppe, V. F. Paskevich, J. C. Hathaway, e D. S. Blackwood, "A laboratory manual for X-ray powder diffraction," em *US Geological Survey Open-File Report.* vol. 1, 2001, pp. 1-88.

[75]   K. Liu, Q. Feng, Y. Yang, G. Zhang, L. Ou, e Y. Lu, "Preparação e caraterização de nanofios de sílica amorfa a partir de crisótilo natural," *J. Non-Cryst. Solids,* vol. 353, pp. 1534-1539, 2007.

[76]   I. J. Bruce, J. Taylor, M. Todd, M. J. Davies, E. Borioni, C. Sangregorio, e T. Sen, "Synthesis, characterisation and application of silica-magnetite nanocomposites," *Journal of magnetism and magnetic materials,* vol. 284, pp. 145-160, 2004.

[77]   P. A. Webb e C. Orr, *Analytical methods in fine particle technology* vol. 229: Micromeritics Norcross, GA, 1997.

[78]   C. P. Jaroniec, R. K. Gilpin, e M. Jaroniec, "Adsorption and thermogravimetric studies of silica-based amide bonded phases," *The Journal of Physical Chemistry B,* vol. 101, pp. 6861-6866, 1997.

[79]   C. L. Chiang, R. C. Chang, e Y. C. Chiu, "Thermal stability and degradation

kinetics of novel organic/inorganic epoxy hybrid containing nitrogen/silicon/phosphorus by sol-gel method, " *Thermochimica ata,* vol. 453, pp. 97-104, 2007.

[80] B. Samuneva, L. Kabaivanova, G. Chernev, P. Djambaski, E. Kashchieva, E. Emanuilova, I. M. Miranda Salvado, M. H. V. Fernandes, e A. Wu, "Sol-gel synthesis and structure of silica hybrid materials," *J. Sol-Gel Sci. Technol,* vol. 48, pp. 73-79, 2008.

[81] R. E. Mark, J. Borch, e C. Habeger, *Handbook of physical testing of paper* vol. 1: CRC, 2001.

[82] V. M. Gun'ko, V. V. Turov, V. M. Bogatyrev, V. I. Zarko, R. Leboda, E. V. Goncharuk, A. A. Novza, A. V. Turov, e A. A. Chuiko, "Unusual properties of water at hydrophilic/hydrophobic interfaces," *Advances in colloid and interface science,* vol. 118, pp. 125-172, 2005.

[83] M. L. Wang, B. L. Liu, C. C. Ren, e Z. W. Shih, "Preparação do Precursor do Óxido de Zircónio em Solução de EDTA-Amónia pelo Método SolGel," *Ind. Eng. Chem. Res,* vol. 36, pp. 2149-2155, 1997.

[84] T. M. Lopez, D. Avnir, e M. A. Aegerter, *Emerging fields in sol-gel science and technology*: Springer Netherlands, 2003.

[85] R. J. Tayade, R. G. Kulkarni, and R. V. Jasra, "Transition metal ion impregnated mesoporous TiO2 for photocatalytic degradation of organic contaminants in water," *Ind. Eng. Chem. Res,* vol. 45, pp. 5231-5238, 2006.

[86] V. Gun'ko, M. Vedamuthu, G. Henderson, e J. Blitz, "Mechanism and kinetics of hexamethyldisilazane reaction with a fumed silica surface," *J. Colloid Interface Sci.,* vol. 228, pp. 157-170, 2000.

[87] A. Kytokivi e S. Haukka, "Reactions of HMDS, TiCl4, ZrCl4, and AlCl3 with Silica As Interpreted from Low-Frequency Diffuse Reflectance Infrared Spectra," *The Journal of Physical Chemistry B,* vol. 101, pp. 10365-10372, 1997.

[88] A. V. R. a. A. P. R. Uzma K H Bangi, "A new route for preparation of sodiumsilicate-based hydrophobic silica aerogels via ambient-pressure drying, " *Sci. Technol. Adv. Mater.,* vol. 9 2008.

[89] I. A. Rahman, M. Jafarzadeh, e C. S. Sipaut, "Synthesis of organo-functionalized nanosilica via a co-condensation modification using [gamma]-aminopropyltriethoxysilane (APTES)," *Ceramics International,* vol. 35, pp. 1883-1888, 2009.

[90] W.-L. W. Ying-Ling Liu , Keh-Ying Hsu, Wen-Hsuan Ho, "Thermal stability of epoxy-silica hybrid materials by thermogravimetric analysis," *Thermochimica*

Ata vol. 412, pp. 139-147, 2004.

[91] D. A. S. Andrei A. Stolov, e Jie Li, "Thermal Stability of Specialty Optical Fibers," *Journal Of Lightwave Technology,* vol. 26, pp. 3443-3451, 2008.

[92] S. K. Medda e G. De, "Revestimentos duros à base de nanocompósitos orgânicos e inorgânicos em plásticos utilizando materiais gerados in situ" *Ind. Eng.Chem.Res,* vol. 48, pp. 4326-4333, 2009.

[93] R. Pruthtikul e P. Liewchirakorn, "Correlation Between Siloxane Bond Formation and Oxygen Transmission Rate in TEOS Xerogel, " *Journal of Metals, Materials and Minerals,* vol. 18, pp. 63-66, 2008.

[94] Z. F. Li, M. T. Swihart, e E. Ruckenstein, "Luminescent silicon nanoparticles capped by conductive polyaniline through the self-assembly method," *Langmuir,* vol. 20, pp. 1963-1971, 2004.

[95] M. May, M. Asomoza, T. Lopez, e R. Gomez, "Precursor Aluminum Effect in the Synthesis of Sol- Gel Si- Al Catalysts: FTIR and NMR Characterization, " *Chem. Mater,* vol. 9, pp. 2395-2399, 1997.

[96] A. Beganskien, V. Sirutkaitis, M. Kurtinaitien, R. JuSK Nas, and A. Kareiva, "FTIR, TEM and NMR Investigations of Stober Silica Nanoparticles," *Mater Sci* vol. Vol: 10, pp. 287-290, 2004.

[97] H. Zou, S. Wu, e J. Shen, "Polymer/silica nanocomposites: preparation, characterization, properties, and applications," *Chemical reviews,* vol. 108, pp. 3893-3957, 2008.

[98] L. L. Hench e J. K. West, "The sol-gel process," *Chemical reviews,* vol. 90, pp. 33-72, 1990.

[99] J. Linden, "Surface modified silica nanoparticles as emulsifier," *Tese de Mestrado do Programa de Mestrado em Materiais e Nanotecnologia,* 2012.

[100] H. E. Bergna e W. O. Roberts, *Colloidal silica: fundamentals and applications*: CRC Press, 2005.

[101] Reynolds, J. G.Coronado, e L. W. P. R. Hrubesh, "Hydrophobic aerogels for oil-spill clean up-synthesis and characterization," *J. Non-Cryst. Solids,* vol. 292 pp. 127-137, 2001.

[102] E. F. Vansant, P. Van Der Voort, and K. C. Vrancken, *Characterization and chemical modification of the silica surface*: Acesso Online via Elsevier, 1995.

[103] P. greenwood, "Surface Modifications and Applications of Aqueous Silica Sols," *Department of Chemical and Biological Engineering chalmers university of technology Gothenburg, Sweden* 2010.

[104] S. A. E. S. Sayed, A. S. Zayed, A. M., "Removal of Oil Spills from Salt Water by Magnesium, Calcium Carbonates and Oxides," *J. Appl. Sci Environ. Manag.*, vol. 8 p. 1, 2004.

[105] C. Teas, S. Kalligeros, F. Zanikos, S. Stournas, E. Lois, e G. Anastopoulos, "Investigation of the effectiveness of absorbent materials in oil spills clean up," *Desalination*, vol. 140, pp. 259-264, 2001.

[106] A. V. Rao e P. B. Wagh, "Preparation and characterization of hydrophobic silica aerogels," *Materials chemistry and physics*, vol. 53, pp. 13-18, 1998.

[107] P. B. Wagh, A. V. Rao, e D. Haranath, "Influence of molar ratios of precursor, solvent and water on physical properties of citric acid catalyzed TEOS silica aerogels," *Materials chemistry and physics*, vol. 53, pp. 41-47, 1998.

[108] G. Brasse, C. Restoin, J. L. Auguste, P. Roy, S. Leparmentier e J. M. Blondy, "Conception, elaboration and characterization of silica-zirconia based nanostructured optical fibres obtained by the sol-gel process," *WSEAS Transaction on Advances in Engineering Education*, vol. 6, pp. 45-49, 2009.

[109] M. Ibrahim, M. Zikry, e F. Sharaf, "Preparação de nanopartículas esféricas de sílica: Stober silica," *A J S*, vol. 6, pp. 985-989, 2010.

[110] Z. Cheng e Y. Yang, "Síntese e caraterização de partículas de alumínio revestidas com uma casca de sílica uniforme", *Transactions of Nonferrous Metals Society of China*, vol. 18, pp. 378-382, 2008.

[111] T. Otsuka e Y. Chujo, "Poly (methacrylate methacrylate)(PMMA)-based hybrid materials with reactive zirconium oxide nanocrystals," *Polymer Journal*, vol. 42, pp. 58-65, 2010.

[112] O. K. Park e Y. S. Kang, "Preparation and characterization of silica-coated TiO2 nanoparticle," *Colloids and Surfaces A: Physicochemical and Engineering Aspects*, vol. 257, pp. 261-265, 2005.

[113] S. Haukka e A. Root, "The reaction of hexamethyldisilazane and subsequent oxidation of trimethylsilyl groups on silica studied by solid-state NMR and FTIR, "*J. Phys. Chem.*, vol. 98, pp. 1695-1703, 1994.

[114] P. S. Nayak e B. K. Singh, "Instrumental characterization of clay by XRF, XRD and FTIR," *Bulletin of Materials Science*, vol. 30, pp. 235-238, 2007.

[115] S. Tabatabaei, A. Shukohfar, R. Aghababazadeh e A. Mirhabibi, "Experimental study of the synthesis and characterisation of silica nanoparticles via the sol-gel method," *J. of physics*, vol. 26, p. 371, 2006.

[116] H. K. C. Timken e M. M. Habib, "Highly homogeneous amorphous silica-alumina catalyst composition", US Patent App. 20,060/079,398, 2005.

[117] S. Giri, "Synthesis and Characterization of Zirconia Coated Silica Nanoparticles for Catalytic Reactions," in *National Institute Of Technology* vol. Master Of Science In Chemistry Rourkela: Deemed University, 2009.

[118] M. Lee, G. Lee, S. Park, C. Ju, K. Lim, e S. Hong, "Synthesis of TiO_2/SiO_2 nanoparticles in a water-in-carbon-dioxide microemulsion and their photocatalytic activity, " *Research on chemical intermediates,* vol. 31, pp. 379389, 2005.

[119] S. Xu, S. Hartvickson e J. Zhao, "Aumento da área de superfície das nanopartículas de sílica com uma superfície rugosa", *ACS Applied Materials & Interfaces,* vol. 3, pp. 1865-1872, 2011.

[120] X. Fan, L. Lin, e P. B. Messersmith, "Surface-initiated polymerization from TiO_2 nanoparticle surfaces through a biomimetic initiator: A new route toward polymer-matrix nanocomposites," *Composites science and technology,* vol. 66, pp. 1198-1204, 2006.

[121] M. Zawrah, F. El-Kheshen, e A. Abd-Elaal, "Facile And Economic Synthesis Of Silica Nanoparticles," *Journal of Ovonic Research,* vol. 5, pp. 129-133, 2009.

[122] A. Gaudon, F. Lallet, A. Boulle, A. Lecomte, B. Soulestin, R. Guinebretiere, e A. Dauger, "From amorphous phase separations to nanostructured materials in sol-gel derived ZrO_2: Eu^{3+}/SiO_2 e compósitos ZnO/SiO_2," *J. non-crystall. solids,* vol. 352, pp. 2152-2158, 2006.

APÊNDICE A

DADOS EXPERIMENTAIS RELATIVOS ÀS PROPRIEDADES TERMOFÍSICAS DE

OS SÓLIDOS DE SÍLICA SINTETIZADOS

Tabela A.1: Dados experimentais sobre os índices de refração dos solutos de sílica em função da temperatura

T/K	Refractive index				
	Sol 1	Sol 2	Sol 3	Sol 4	Sol 5
298.15	1.36313	1.36478	1.36669	1.36782	1.36879
303.15	1.35905	1.3608	1.3629	1.3642	1.3655
308.15	1.35504	1.35696	1.3588	1.3599	1.3617
313.15	1.35129	1.35318	1.35501	1.3559	1.35769
318.15	1.34807	1.34899	1.3515	1.35252	1.35392
323.15	1.36313	1.36478	1.36669	1.36782	1.36879
328.15	1.35905	1.3608	1.3629	1.3642	1.3655
333.15	1.35504	1.35696	1.3588	1.3599	1.3617

Quadro A.2: Dados experimentais das viscosidades η, para os solutos de sílica, em função da temperatura

T/K	$\eta/(mPa.s)$				
	Sol 1	Sol 2	Sol 3	Sol 4	Sol 5
293.15	1.3714	1.5595	1.7738	2.0904	2.373
298.15	1.2298	1.3806	1.5708	1.7864	2.0939
303.15	1.0991	1.2322	1.3959	1.5479	1.8072
308.15	0.9991	1.1051	1.2483	1.3485	1.5655
313.15	0.91302	0.9955	1.1237	1.19	1.3625
318.15	0.83024	0.89624	1.0091	1.065	1.2036
323.15	0.73809	0.8194	0.91476	0.95478	1.0785
328.15	0.66655	0.74681	0.83888	0.86162	0.9733
333.15	0.61766	0.67784	0.76772	0.77375	0.8833
338.15	0.57101	0.62336	0.70551	0.68476	0.8093

Tabela A.3: Dados experimentais de densidades para solutos de sílica em função da temperatura

T/K	$\rho/(g.cm^{-3})$				
	Sol 1	Sol 2	Sol 3	Sol 4	Sol 5
293.15	0.8115	0.821	0.8313	0.8399	0.8485
298.15	0.807	0.8165	0.827	0.8354	0.8439
303.15	0.8027	0.8121	0.8226	0.8309	0.8395
308.15	0.7983	0.8076	0.8181	0.8264	0.835
313.15	0.7938	0.803	0.8136	0.8219	0.8305
318.15	0.7893	0.7984	0.8089	0.8173	0.8259
323.15	0.7848	0.7937	0.8043	0.8126	0.8212
328.15	0.7802	0.789	0.7996	0.8079	0.8165
333.15	0.7756	0.7841	0.7949	0.8031	0.8117
338.15	0.7708	0.7792	0.7904	0.7982	0.8068
343.15	0.7661	0.7743	0.7855	0.7932	0.8019

APÊNDICE B

FTIR E BET PARA A SÍLICA SINTETIZADA

NANOPARTICULAS

Tabela B. 1: Dados FTIR experimentais para sílica pura e nanopartículas de sílica modificadas

Sample	Assignment	cm^{-1}
Pure silica	Si-O-Si bending vibration frequency	1090- 1230
	Si- O -H stretching of	900
	Si –H stretching vibration	800
	C-H vibration band intensity	1631
	H-O-H stretching of physically adsorped water	3250 - 3700
Silica alumina	Si-O-Si bending vibration frequency	1090- 1230
	Si- O -H stretching of	900
	Si –H stretching vibration	800
	C-H vibration band intensity	1631
	H-O-H stretching of physically adsorped water	3250 - 3700
	Si- O -Al bending vibration band	980
Silica zirconium	Si-O-Si bending vibration frequency	1090- 1230
	Si- O -H stretching of	900
	Si –H stretching vibration	800
	C-H vibration band intensity	1631
	H-O-H stretching of physically adsorped water	3250 - 3700
	Si- O -Zr bending vibration band	971
Silica titanium	Si-O-Si bending vibration frequency	1090- 1230
	Si- O -H stretching of	900
	Si –H stretching vibration	800
	C-H vibration band intensity	1631
	H-O-H stretching of physically adsorped water	3250 - 3700
	Si- O -Ti bending vibration band	950
Silica HMDS	Si-O-Si bending vibration frequency	1090- 1230
	Si- O -H stretching of	900
	Si –H stretching vibration	800
	C-H vibration band intensity	1631
	H-O-H stretching of physically adsorped water	3250 - 3700
	Si- O -CH_3 bending vibration band	2972
Paraffin oil	CH carbon hydrogen stretching	2940 - 2855
	CH_2 carbon hydrogen bending absorption band	1470
	CH_3 symmetric carbon-hydrogen bending absorption	1380

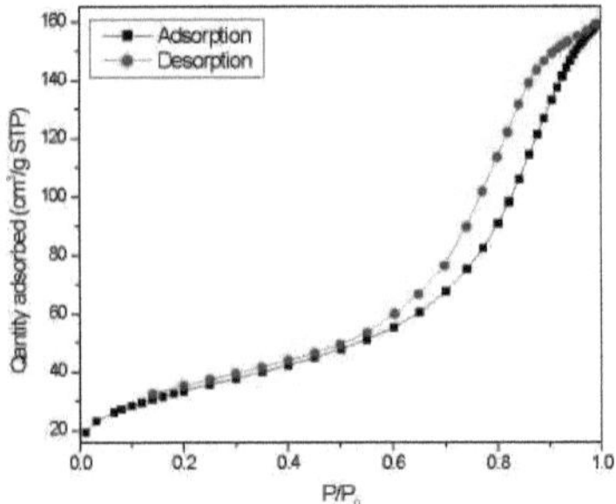

Figura B. 1: Gráfico da isoterma de adsorção-dessorção de N2 da sílica-alumina 1%

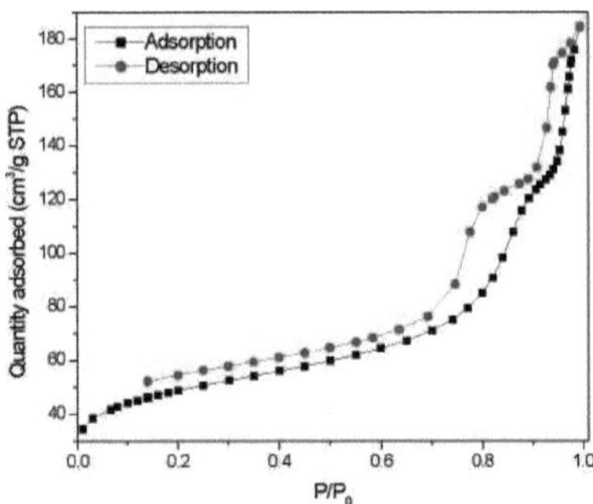

Figura B. 2: Gráfico da isoterma de adsorção-dessorção de N2 da sílica-alumina 3%

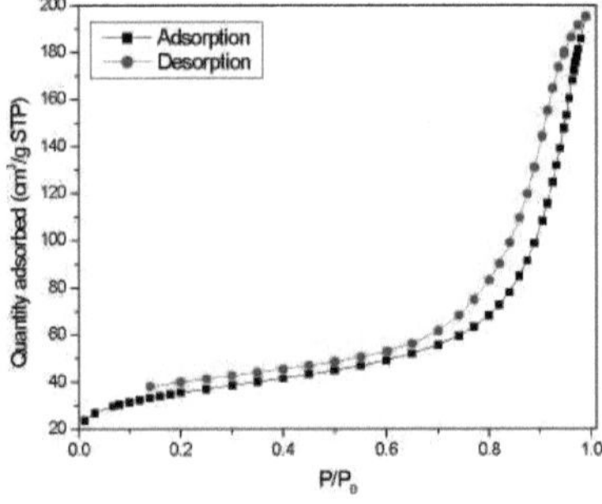

Figura B. 3: Gráfico da isoterma de adsorção-dessorção de N2 da sílica-alumina 5%

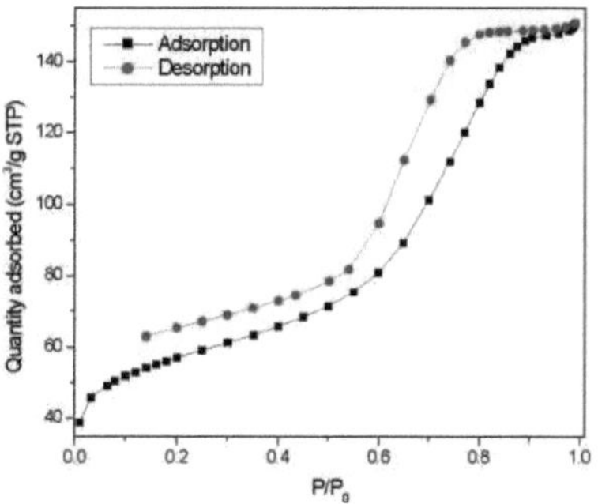

Figura B. 4: Gráfico da isoterma de adsorção-dessorção de N2 da sílica-zircónio 1%

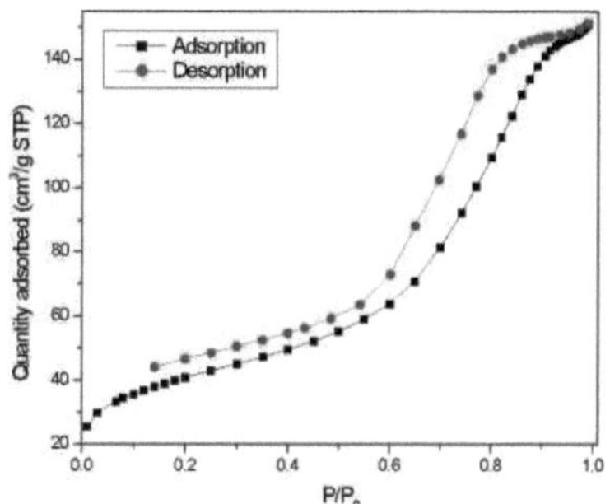

Figura B. 5: Gráfico da isoterma de adsorção-dessorção de N2 da sílica-zircónio 3%

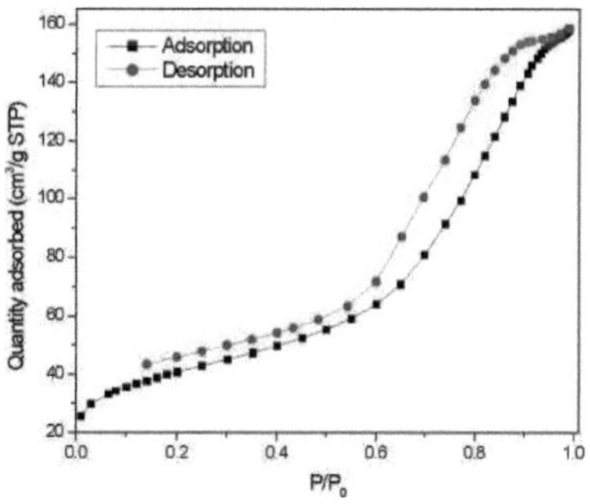

Figura B. 6: Gráfico da isoterma de adsorção-dessorção de N2 da sílica-zircónio 5%

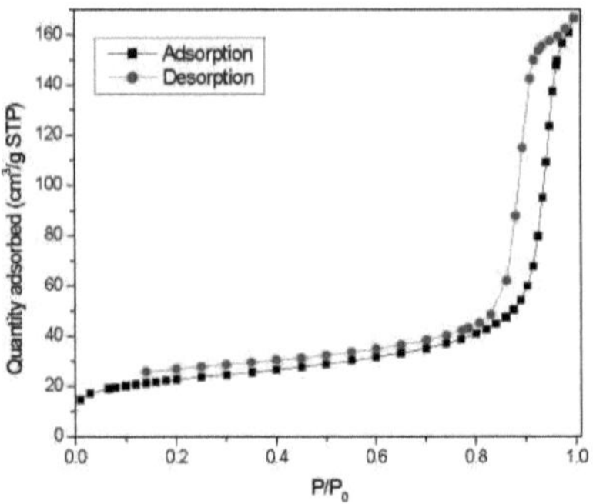

Figura B. 7: Gráfico da isoterma de adsorção-dessorção de N2 da sílica-titânio 1%

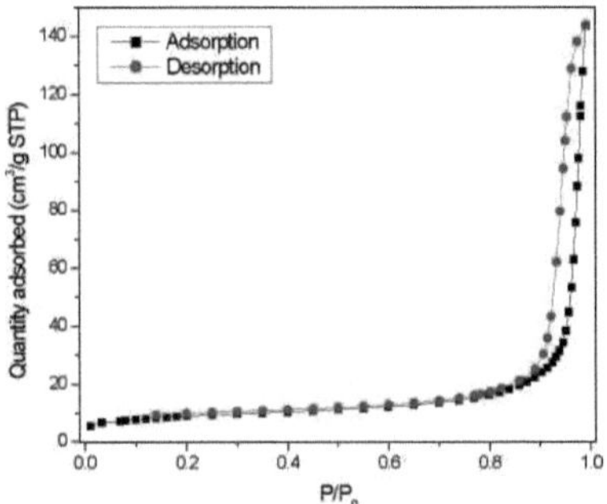

Figura B. 8: Gráfico da isoterma de adsorção-dessorção de N2 da sílica-titânio 3%

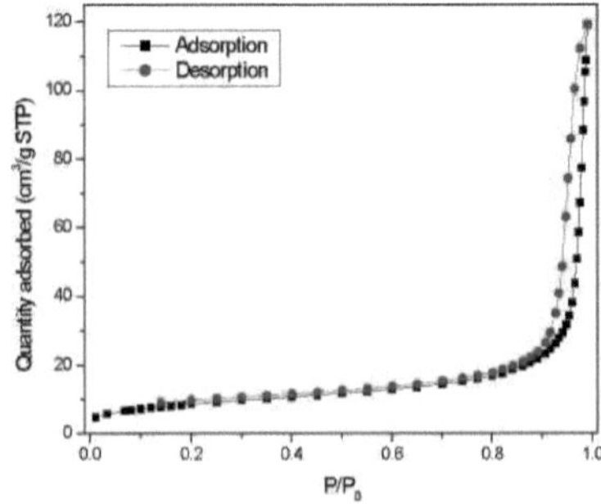

Figura B. 9: Gráfico da isoterma de adsorção-dessorção de N2 da sílica-titânio 5%

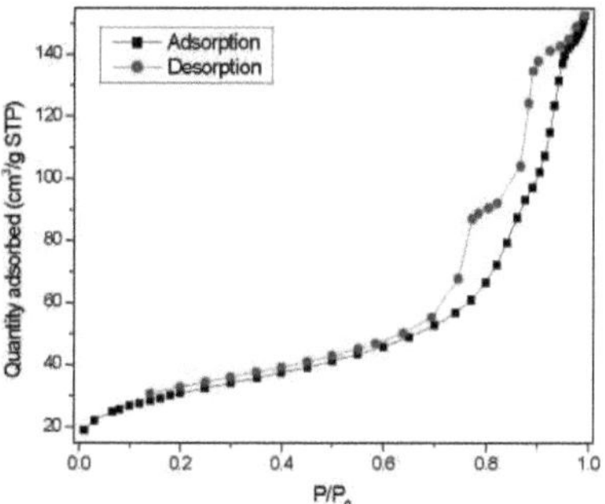

Figura B. 10: Gráfico da isoterma de adsorção-dessorção de N2 da sílica HMDS 1%

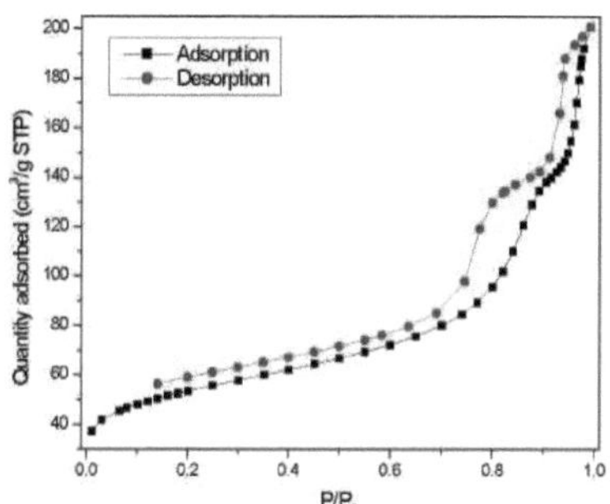

Figura B. 11: Gráfico da isoterma de adsorção-dessorção de N2 da sílica HMDS 3%

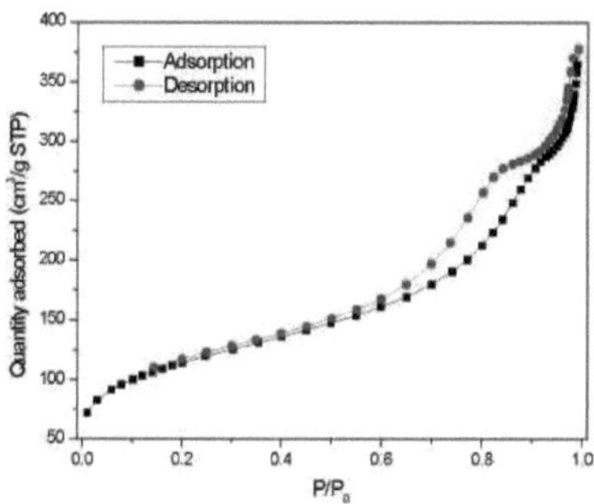

Figura B. 12: Gráfico da isoterma de adsorção-dessorção de N2 da sílica HMDS 5%

Printed by Books on Demand GmbH, Norderstedt / Germany